U0381682

国家电网公司
电力科技著作出版项目

智能配电网状态估计与感知

白星振　葛磊蛟　著

中国电力出版社
CHINA ELECTRIC POWER PRESS

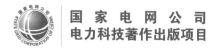

内 容 提 要

目前，随着供配电技术的发展，配电网中大量可再生能源及多种类型负荷接入，使配电网的拓扑结构变得越来越复杂，这给网络状态的监测与控制带来了严峻挑战。在智能配电网条件下，受用户随机需求响应、客户多样化需求、应急减灾等因素影响，配电网运行趋于复杂多样，对配电管理的要求日趋提高。

针对目前配电网状态估计中存在的问题，本书从配电网状态可观测性、数据及网络拓扑辨识、不完全量测下可靠状态估计等方面进行研究阐述。

本书适合从事配电网状态监测、估计和态势分析感知的科学研究人员以及高等院校电气工程等相关专业的研究生阅读和参考。

图书在版编目（CIP）数据

智能配电网状态估计与感知 / 白星振，葛磊蛟著. —北京：中国电力出版社，2020.12
ISBN 978-7-5198-4917-7

Ⅰ. ①智… Ⅱ. ①白…②葛… Ⅲ. ①智能控制–配电系统–研究 Ⅳ. ①TM727

中国版本图书馆 CIP 数据核字（2020）第 163215 号

出版发行：中国电力出版社
地　　址：北京市东城区北京站西街 19 号（邮政编码 100005）
网　　址：http://www.cepp.sgcc.com.cn
责任编辑：张晓燕（010-63412464）　罗　艳（010-63412315）
责任校对：黄　蓓　常燕昆
装帧设计：张俊霞
责任印制：石　雷

印　　刷：三河市万龙印装有限公司
版　　次：2020 年 12 月第一版
印　　次：2020 年 12 月北京第一次印刷
开　　本：710 毫米×1000 毫米　16 开本
印　　张：9.25
字　　数：144 千字
印　　数：0001—1000 册
定　　价：98.00 元

版 权 专 有　侵 权 必 究

本书如有印装质量问题，我社营销中心负责退换

前言

目前，随着供配电技术的发展，配电网中大量可再生能源及多种类型负荷接入，使配电网的拓扑结构变得越来越复杂，这给网络状态的监测与控制带来了严峻挑战。为了应对配电网所面临的挑战和满足用户日益增长的供电质量和可靠性要求，发展智能配电网已成为共识。在智能配电网条件下，受用户随机需求响应、客户多样化需求、应急减灾等因素影响，配电网运行趋于复杂多样，对配电管理的要求日趋提高。配电网状态估计根据系统监测装置提供的实时数据信息，排除由各种干扰因素所引起的错误信息，估计出系统的运行状态。配电网状态估计可实现对配电网运行状态的全面准确掌控，为提高复杂配电网的调度控制能力提供有力支撑。构建有效的智能配电网状态感知体系，增强对配电系统的状态感知能力已成为当前一个研究热点。

随着系统采集和处理的数据海量增长，配电网动态性变化的加强，现有的配电运行状态感知体系在数据采集、通信网络、计算分析、可靠性等诸多环节上均难以满足智能配电网的发展需求。另外，系统动态量测中的干扰噪声及网络化诱导现象造成网络量测信息的不确定性，严重影响系统状态估计性能。针对目前配电网状态估计中存在的问题，本专著从配电网状态可观测性、数据及网络拓扑辨识、不完全量测下可靠状态估计等方面进行研究阐述，主要研究工作如下：针对配电网数据观测难和计算量大等问题，通过建立基于支路电流的配电系统状态估计模型，提出了对有功/无功解耦的可观测性分析和数据辨识的方法，可一次性快速辨识出不可观测支路和关键量测数据，极大降低了计算量，提高了计算速度且无需迭代计算；针对由于分布式电源、新用户、即插即用设备的无序接入等导致的配电网拓扑辨识困难问题，提出了一种基于高级量测体系（advanced metering infrastructure，AMI）量测近邻回归的三相不平衡配电网拓扑辨识方法，提高了配电网运维效率；针对配电网中参数大多为高维向量问题，设计配电网闭环鲁棒状态估计器，基于改进的扩展卡尔曼滤波算法降低了线性化误差，提高了估计精度，且所设计的滤波算法具有较好的有效性和实用性；针对常规动态状态估计难以处理非高斯噪声影响的问题，提出了一种基于未知有界噪声的自适应扩展集员滤波的状态估计方法，引入自适应处理方法显著地提高了滤波器的估计精度和稳定性，通过优化迭代过程，提高了算法迭代的收敛精度和收敛速度；针对三相不平衡配电系统的不确定性问题，建立了三相可靠状态估计基本模型，提出了一种三相不平衡配电系统的两阶段可靠状态估计方法，基于仿射技术和潮流计算求解一系列线性规划问题得到保证，包含系统真实状态的最小区间，该方法对于当前 AMI 逐步健全的配电系统具有很好的可行性；针对配电网动态状态估计的随机性丢包的问题，通过对带有随机性丢失的滤波器的结构进行优化和建立量测丢失下的鲁棒估计器，设计了一种鲁棒递归滤波算法，减少了随机丢包对估计性能的影响；针对配电网状态估计受制于有限的通信带宽问题，提出了一种事件触发机制来规范数据的传输，并设计了基于事件触发的状态估计器。所提出的滤波算法能减少由事件触发引起的不确定观测所带来的影响，在确保状态估计性能情况下节约更多网络通信资源。

本专著第 1、4、5、7、8 章由白星振、程成撰写；第 2、3、6 章由葛磊蛟、梁栋撰写，董礼廷、秦飞宇等研究生也做了部分工作。在开展本专著内容的研究过程中，得到了国家 863 计划项目（No. 2015AA05203）、国家自然科学基金项目（No. 51807134，No. 618032335）、国家电网有限公司科技项目（No. KJ18－1－04，No. PD71－14－0325）、国网天津市电力公司科技项目（No. KJ17－1－19）的联合资助。最后，对所有对本专著研究内容、撰写和出版过程中给予帮助和支持的人表示感谢。

希望本专著对相关领域的研究者有所帮助，由于作者水平有限，书中难免有疏忽及错误之处，恳请大家批评指正。

著者

2020 年 6 月

目 录

第1章

概　　述

配电网作为电力系统中直接面向用户的重要一环，其重要性不言而喻。目前配电网中接入了大量可再生能源，这也促使传统配电网逐步转变为有源配电网。为了应对有源配电网所面临的挑战和满足用户日益增长的供电质量及可靠性要求，发展智能配电网已成为共识。在智能配电网条件下，系统采集和处理的数据海量增长，并且受用户随机需求响应、客户多样化需求、应急减灾等因素影响，配电网运行趋于复杂多样，对配电管理的要求日趋提高。配电网状态估计（distribution state estimation，DSE），是指在给定网络拓扑结构及元件参数的条件下，根据数据采集与监视控制系统（supervisory control and data acquisition，SCADA）提供的实时数据信息，排除由各种干扰因素所引起的错误信息，估计出系统的运行状态。现有的配电运行状态感知体系在数据采集、通信网络、计算速度、可靠性等诸多环节上均难以满足智能配电网的发展需求。构建有效的智能配电网状态感知体系，增强对配电系统的状态感知能力已成为当前一个研究热点。通过配电网状态估计可实现对配电网运行状态的全面准确掌控，为提高复杂配电网的调度控制能力提供有力支撑。

1.1　配电网状态估计

近年来，随着自然资源枯竭、环境不断恶化，如何促进可再生能源的发展及能源的高效利用已成为亟须解决的问题。同时，伴随着电力系统规模的扩大、互联程度不断加强，面对电网结构变得越来越复杂、电网设备日益老化和用户对供电质量及可靠性要求日益提高等问题，中国、美国和欧洲各国等均提出了发展智能电网这一策略来应对这些问题。智能配电网通过数据采集及运行工况监测与控制，建立一个电网运行状态的实时监测数据库，优化运行方式，实现系统异常及故障的实时处理，从而提高配电网系统供电可靠性。然而，在现有的技术水平下，通常还是难以获得配电网完整的实时监测数据，并且要建立配电网完备的实时数据库更是难上加难。针对这一问题通常有两种方法来解决：一是通过在硬件上增加大量的量测设备和远动装置，从而可以得到更加完整的实时运行数据。但是，这种方法投资巨大，无论是在技术上还是经济上都要付出很大的代价，而且还要考虑实际的量测点配置问题，所以，在实用程度上相对较低；另一个是通过软件技术、应用状态估计技术，对精度低、不完整的量测数据进行加工处理，将其转化为高精度、完整而且可靠的数据。配电网状态估计根据 SCADA 提供的实时数据信息，结合配电系统的运行机理和特征，估计出系统运行状态，从而给出电网中各母线电压或功率的准确的状态值。配电网状态估计利用配电量测信息估计出高精度的、完整的、可靠的配电系统状态，因此也可以将它称为配电网滤波。配电网状态估计的结果可以用于配电自动化的很多方面，如短路电流计算，网络重构，电压，无功控制等。而且，由于配电网状态估计减小了数据量测误差，修正了数据错误，提高了量测精度，还可用于检查负荷数据，并对负荷模型和负荷数据加以校正，提高配电系统的安全与经济运行水平。因此，为了有效地监控配电网的安全性和经济性，并进行正确的分析与决策，配电调度中心需要实时采集配电网络的运行信息，进行配电网状态估计，进而正确、全面地掌握配电系统的运行状态。

配电网状态估计是现代电网管理体系中的核心组成部分，在保障电力系统正常运行中发挥了关键作用。配电网状态估计的主要作用在于依据监测设备和量测数据实现对配电网实时运行状况的监测，以便调度中心进行下一步分析和控制。配电网状态估计的主要作用包括：

（1）对配电网中量测设备采集到的数据做分析处理，得到各个节点最接近运行状态的真实量测值。

（2）通过对采集的量测数据进行检测与识别，去除或者修正采集到的“坏数据”或“污染数据”，提高数据量测的准确性。

（3）对已知的电气量进行估算处理，得到无法直接测量的电气量。

（4）辨识及修正状态估计中存在的错误系统拓扑结构和网络参数。

（5）遥测量可以反应出电力系统中各个开关的状态，对出现错误的开关状态进行改正，使其修正为正确的接线结果。

（6）通过合理布置各个量测点的位置，对测量系统进行及时的规划和调整。

（7）具有预测功能，能根据当前或者历史时刻的信息推断出未来的电网运行状态。

配电网状态估计扩展了 SCADA 系统的能力，它能过滤远程终端单元（remote terminal unit，RTU）采集数据中的量测噪声，发现量测中的坏数据，并帮助调度工作人员建立一个可靠的实时数据库，这些数据能可靠地用于事故分析及任何矫正措施的确定。配电网状态估计还可计算出未量测的电气量，降低量测系统的投资并利用量测系统的冗余度提高量测精度。此外，配电网状态估计得到的结果将被送往能量管理中心（energy management system，EMS）用作异常及事故分析、负荷预测和最优潮流计算等。因此，配电网状态估计被认为是系统在线安全分析的主要组成部分。此外，随着电力系统规模的不断扩大及其自动化水平的逐步提高，EMS 的功能也日趋复杂化、智能化，状态估计的作用显得尤为重要。

电网属于一种典型的复杂网络，其状态估计是有效洞察电网运行和控制状态的关键方式，也是开展电力系统性能分析的重要手段。在配电网中，配电网状态估计是配电网高级应用分析的基础，而状态估计的精度和速度是衡量配电管理系统（distribution management systems，DMS）高级应用功能是否满足应用需求的关键指标。配电网状态估计技术为建立配电网状态数据库、实现配电自动化及智能化提供有力的数据支持。高效可靠的配电网状态估计除了可以提高网络的信息可观性，辨识、修正不良量测数据和补全整个网络的运行状态信息外，还能辅助运行人员进行供配电管理，为配电网今后的发展规划提供决策支持，提高系统运行可靠性和经济性。

1.2 配电网状态估计研究现状

配电网状态估计分为静态状态估计和动态状态估计。根据任一时刻的量测数据来确定该时刻的状态量，称为静态估计；根据系统的状态方程和量测数据进行下一时刻状态量的估计，则称为动态状态估计。目前配电网静态状态估计较为成熟，以最小二乘算法为主，使用当前断面量测数据，但没有考虑配电系统的动态变化特性；配电网动态状态估计依赖于系统模型，利用系统的量测进行一次后验运算，得到当前时刻状态量的值。相比于动态状态估计，静态状态估计不能够对系统下一时刻的状态量进行预测，而且需要迭代，计算缓慢。配电网动态状态估计在改进系统可观测性以及坏数据的检测、辨识和修正等方面都有很大的优势。目前，根据配电自动化的特点，配电网状态估计研究主要是在不良数据的辨识、测点优化配置和状态估计算法等方面展开的。国内外专家学者在理论和实践应用方面都取得了丰富的成果。

1. 配电网静态状态估计

目前，加权最小二乘法（weighted least squares，WLS）是静态状态估计最为常用的算法。它结合配电网的实际特点，以数值精度和计算速度为目标不断进行优化和改进，从而获得更适用于配电网的状态估计算法。Wu F.F 等将带有约束条件的 WLS 应用于简化后的单相配电网模型当中，通过算例验证了该算法的有效性，但是并没有考虑到三相不平衡的情况。Baran M.E 等针对配电网三相不平衡的问题，提出了一种基于支路电流的配电网三相状态估计方法。该方法首先以支路电流作为状态变量，把支路中的功率量测等效为电流量测，并且重新构造了量测函数，从而实现了雅可比矩阵的实部、虚部解耦，在一定程度上提高了计算速度。但是该方法需要有功功率量测和无功功率量测成对出现，并且其量测权重还得相同，无法很好地处理混合量测的情况，因此并不符合电网中的实际情况，在一定程度上会影响估计效果。Li K 提出了一种基于节点电压的配电网三相状态估计算法。该算法是以节点复电压作为状态量，通过 WLS 迭代运算得到配电网的状态，虽然能够处理各种类型的量测量，但是计算效率太低。孙宏斌等提出一种用配电匹配潮流技术来进行状态估计的一种算法和一种基于等效功率变换的配电网状态估计算法。配电匹配潮流技术可以在配电网量测冗余度较低的条件下，以匹配潮流计算来替代状态估计。这种方法计算简单，收敛性能好，但是未考虑三相不平衡的情况。基于等效功率变换的配电网状态估计算法将配电网中的各种类型的量测等效变换成为支路上的功率量测，使得有功功率和无功功率分别解耦迭代计算，从而提高了计算效率和数值的稳定性。辛开远等研讨了配电网状态估计中的量测变换技术，并将量测变换技术应用于不同的算法当中。虽然量测变换技术提高了算法的计算速度，但是估计精度会下降，因此在实际应用中对这两者应该有所取舍。高赐威等将支路电流量测变换应用于配电网的三相模型中，提出了一种以支路电流为状态量的状态估计思路。程浩忠等描述了一种等效电流量测变换的配电网状态估计方法。该方法将配电网中各种类型的量测变换成为等效的电流量测，并且只有在有功功率和无功功率量测有相同权重值时，才可以实现有功和无功功率的解耦计算，但是如果有功和无功功率量测单个出现时则无法处理。卫志农等提出一种快速解耦的配电网状态估计算法，其实质就是一种旋转变换的支路电流状态估计方法，使得雅可比矩阵和信息矩阵均可解耦，提高了计算速度。李清政等通过应用人工智能技术，将遗传算法引入到配电网状态估计当中，经算例仿真验证，该方法在较小的配电网中估计效果不错，但引入实际配电网后还需要改进。

从上述文献可以看出，根据状态量的不同可以将配电网状态估计方法分为以下三种：

（1）以节点电压作为状态量的配电网估计方法。这类方法是以 WLS 作为估计的基础，不需要进行量测变换，每迭代一次，雅克比矩阵就会更新一次，矩阵阶数偏高，因此，计算速度慢，但是估计精度高，它是以牺牲计算速度来获得高精度的估计结果。

（2）以支路功率作为状态量的配电网估计方法。这类方法主要是通过应用量测变换技术，将各种类型的量测量等效变换为支路功率量测，在迭代过程中，雅可比矩阵常数化，并且使得有功功率和无功功率分别解耦估计，其二者权重系数也可以不同，进一步降低了矩阵的阶数，提高了状态估计的计算速度，同时计算精度并不受影响。

（3）以支路电流作为状态量的配电网估计方法。这类方法也是利用量测变换技术，将各种类型的量测量等效变换为支路电流量测，实现了电流的实部和虚部的解耦估计，雅可比矩阵也变为常数阵，在一定程度上提高了计算效率，但是这种方法必须要求有功功率和无功功率量测成对出现。

如前所述，要使配电网状态估计得以实现，必须要保证系统的可观察性。为此，通常采用两种方法来解决：一种是通过增加量测设备来实现，但是这种方法会带来巨大的经济投资问题；另一种是通过理论方法，构建伪量测值和零虚拟量测来实现。因此，第二种方法更加经济实用，也是研究配电网状态估计所面临的重要问题。

Milton B 等提出利用人工神经网络法进行负荷预测，将得到的预测结果作为伪量测值，从而提供了一种伪量测建模的思想。Singh R 等将高斯混合模型（gaussian mixture model，GMM）应用于配电网的负荷预测当中，该方法应用 GMM 与负荷的历史曲线进行比较，从而可以得到不同时刻的负荷均值和方差，再以这两个值分别作为负荷的伪量测及其权重，很大程度上提高了估计精度。此外，还有很多专家学者在抗差估计方面做出了很大的贡献。李慧提出了一种针对配电网中负荷伪量测处理的全面抗差估计方法，这种方法主要是应用杠杆量测的特点，将结构抗差因子引入到 WLS 当中，从而降低了杠杆量测保差作用，实现了抵御坏数据的作用。颜全椿等提出一种基于多预测—校正内点法的加权最小绝对值抗差状态估计方法，该方法在预测—校正内点法的基础上，经过多次校正后对中心参数估计，从而使得迭代点不断接近于中心轨迹，减少了迭代次数，节省计算时间，同时很好地剔除了不良数据。

2. 配电网动态状态估计

动态状态估计方法是以卡尔曼滤波（Kalman filtering，KF）算法为基础逐步发展的，它不仅能够估计配电网的当前运行状态，还能预测配电系统下一时刻的状态。除此之外，动态状态估计还在不良数据辨识、改善系统可观性等方面存在优势。因此，动态状态估计算法同样也受到了国内外很多学者的关注。

Mandal 等将量测函数中的非线性部分加入滤波公式当中，弥补了由于负荷发生变化而造成的偏差，该算法提高了滤波的性能。Lin J M 是利用光滑平面理论来修正模型，将扩展卡尔曼滤波（extended Kalman filtering，EKF）算法与模糊数学理论相结合，从而得到了模糊控制的动态状态估计算法。这种方法在负荷发生剧烈变化的情况下改善效果很好。毛玉华等提出了一种自适应卡尔曼滤波（adaptive Kalman filtering，AKF）算法。该方法利用自适应技术，对系统的模型参数和噪声特性进行在线估计，从而在一定程度上提高了滤波的精度。

国内外专家学者除了对基本动态状态估计做了大量改进研究以外，还在关于量测信息处理方面做了深入的研讨。

Bernieri 等是利用人工神经网络来预测母线上的负荷值，从而将其作为负荷的伪量测值，提高了系统的冗余度和估计精度，但同时增加了预测的复杂程度和计算量。卫志农等应用量测变换技术将各种类型的功率量测变换为电流的相量量测，同时结合 PMU 相量量测共同构成混合量测，使得混合量量测与状态量之间呈线性关系，因此雅可比矩阵也就变成了常数阵，在一定程度上提高了估计速度。卫志农等又在之前的基础上，引用线性外推法进行母线上超短期负荷预测，通过潮流计算得到预测值，在减少计算时间的同时提高了状态估计的精度。贾东梨等在常规动态状态估计的基础上，引入超短期负荷预测值作为伪量测，同时引入指数函数以增强系统的鲁棒性，使系统具有较好的稳定性，增强了滤波性能。

综上所述，目前配电网状态估计所面临的问题主要有以下几点：

（1）针对配电网自身的特点，需要研究配电网中各种元件的建模问题，因为高效的配电网络模型对配电网状态估计起到了至关重要的作用。

（2）针对配电网中实时量测数据不足的特点，需要通过建立负荷伪量测和零虚拟注入量测的数学模型来弥补这一缺点。

（3）在配电网中由于设备种类多种多样，其量测类型也非常复杂，因此，如果能充分利用这些量测信息是至关重要的，它可以增强状态估计在不同条件下的适用性。

随着分布式电源（distributed generator，DG）大量接入电力系统，传统意义上的被动配电网正逐步转变为含多类型 DG 的主动配电网（active distribution network，ADN）。大量不同类型的 DG 接入中低压配电网再加上系统本身包含的三相不对称等因素均会导致系统潮流的不平衡，因此当前中低压配电网状态估计为了解决潮流不平衡问题必须综合考虑各种因素的影响，从而选取合适的 DG 模型。张立梅等详细分析并总结了各种类型 DG 在前推回代潮流计算中的数学模型，提出了一种适合于多种 DG 的灵活节点编号方法，并给出在当前模型下的改进前推回代潮流算法的计算过程。为了解决在 DG 接入节点处配电网的量测配置较少的问题，王韶等通过对风电和光伏发电系统的有功和无功功率出力预测，建立了带等式约束的 WLS 状态估计模型，该模型将 DG 有功功率和“虚拟”无功功率的出力预测在状态估计过程中当作伪量测量处理。由于大规模风电的接入，出现了不同类型量测带来的残差污染现象，李静等为了解决这一问题，提出了一种精细化的快速抗差 WLS 状态估计方法。巨云涛等首先建立了配电网中常见的 DG 在状态估计中所用模型，然后提出了一种基于改进节点法的配电网多相状态估计方法。卫志农等建立了适用于配电网并可以做到较为容易处理三相下的不对称注入功率的 DG 三相模型，从而提出了一种含多类型 DG 的 ADN 分布式三相状态估计方法。根据中低压配电网的线路及负荷的结构特点，不对称配电网状态估计根据结构的不同又可分为三相三线制和三相四线制。三相三线制状态估计主要针对电压等级为 10kV 的中压配电网；三相四线制状态估计主要针对电压等级为 380/220V 的低压配电网。对于三相三线制下的配电网状态估计问题，一般均采用 WLS 进行建模求解。

在电力系统中含有大量的零注入节点，这些节点由于与发电机和负荷并无关联，故不管是潮流计算还是状态估计，均要保证其计算所得的节点注入功率为零，因此如何较为准确地做到严格零注入成为中低压配电网状态估计需要关注的问题。传统意义上采用较多的是大权重法，顾名思义就是运用基尔霍夫定律将零注入节点的注入功率处理为虚拟量测并赋予相当的权重来进行状态估计，从而做到近似的零注入。另外一种方法是将零注入作为等式约束加入状态估计数学模型中，从而做到严格的零注入，采用较多的是拉格朗日乘子法。但由于配电网中零注入节点数量较大导致其计算量过大，郭烨等通过分析零注入在直角坐标下的表现形式，在既约拟牛顿法的基础上推导得到一种修正牛顿法，该方法在处理零注入问题上不仅能保证严格的零注入，而且有较好的鲁棒性和计算速度。

由于电力系统规模庞大导致状态估计计算量较大，因此对现有一系列相关算法在精确度、计算速度、算法的可靠性、迭代收敛性等方面提出了更为苛刻的要求。国内外学者在已有算法的基础上不断进行深入和拓展的研究，以粒子群算法和细菌群体趋药性算法为代表的人工智能算法在状态估计方面的研究也相继涌现出来。闫丽梅等考虑到 WLS 经常会导致状态估计结果出现发散的情况，提出了将改进的粒子群优化算法与 WLS 结合来进行状态估计，从而使状态估计的整体结果获得较好的收敛性。细菌群体趋药性算法是一种通过研究生物的日常行为而衍生出来的优化算法，同时利用细菌本身的趋化过程和感知过程来进行信息的交互并得到优化效果。该算法除了收敛速度快的优点外，个体也具有一定的寻优能力，是实现配电网状态估计较好的求解方法。

1.3 不确定性量测下配电网状态估计

电力系统是复杂的大型信息物理系统，充满大量的不确定因素，给出系统当前时刻真实运行状态的区间，对于运行调度人员掌控系统当前和未来运行态势具有重要意义。目前传统的状态估计一般是用某种范数来衡量估计值与量测值之间的距离。如 WLS 法是以每个量测误差的平方和为目标函数，求得的估计值与量测值之间距离越小，则认为状态估计结果越好。但是要求估计值尽量靠近量测值并不意味着估计值与真值最为接近，这样判断不尽合理。因为系统传感器直接量测的数据一般携带有较大的噪声误差，不能为系统监测提供可靠的数据支持。另外，在配电网通信系统中，考虑到数据传输距离、通信能力，以及经济因素，通常具有有线和无线混合的通信方式。有线通信可以提供长距离可靠的数据传输路径，但成本较高，无线网络具有安装和维护成本低的优点，但无线信号通常容易受到外部干扰和噪声的影响，这些噪声可能会降低信号传输质量。随着智能配电网的发展，大量的量测数据传输将给通信网络系统造成巨大压力，加剧了有限通信带宽下的网络堵塞问题。在这样的情况下，网络化诱导现象极易发生，包括数据传输延迟、信道衰减、数据异步以及数据丢失等情况。因此，系统信息中心接收到大量的不完全量测信息，由此造成的量测误差严重影响系统状态估计性能，其中影响最大且最常见的就是数据随机丢失现象，造成这种现象的原因除了通信堵塞之外，还有数据发送设备和接收设备间歇故障、人为的网络攻击（拒绝服务攻击）等原因。针对不同的原因，主要分为以下几类解决办法。

1. 传感器随机故障问题

为了提高系统对量测设备异常及故障的鲁棒性，提出了在电网中不同的电源管理单元（power management unit，PMU）放置策略。例如通过引入“条件指标”的概念来研究量测丢失对估计器增益矩阵的影响，并评估量测丢失下的估计器性能，以此为依据来合理地安置电网中的 PMU 位置；通过假设随机传感器故障的发生以最大化拓扑可观性的概率，推导出最优 PMU 布置方案，并以确定的方式考虑了传感器故障问题，其主要思想是使用量测备份（即先前时刻的量测）来替换丢失的量测值。

2. 通信网络随机异常现象

这类问题主要是由于网络带宽受限导致的网络信道拥堵造成的。除了提高通信网络的带宽和传输能力之外，通常情况下需要统计量测丢失现象的随机特性，并将量测丢失的统计特征引入估计器的设计中，从而改善量测冗余度降低所造成的滤波性能恶化，甚至造成不稳定的问题。

状态估计器的估计精度与量测数据的丢包概率是成反比的，即丢包概率越大，估计精度也就越低。因此，为了减少通信带宽的占用率以降低丢包概率，部分学者提出了基于事件触发的通信策略，即在数据传输至通信网络前，先通过一个事件发生器，当数据满足某个条件时，则让数据传输，否则，则不传输。对于远程估计器来说，随机丢包与事件触发通信本质上都是舍弃了部分观测数据，但是随机丢包现象是随机的，且不被远程中心所控制，尽管可以通过统计获得丢失现象的随机特征，但是远程中心所能掌握和利用的信息依旧很少，对当前一些未传输而来的数据的其他信息并不了解。而基于事件触发的传输策略，估计器可以根据所设定的触发条件来掌握未发送数据的一些特征，即“无触发信息”。比如，将触发条件设定为：当前数据与前一时刻观测的差值大于一个阈值时，可以触发传输，反之，不被传输。这样，估计器就可以知道当前未接收到的数据与上一时刻观测的数差在一个已知范围内，通过合适的数据处理方法就可以降低这种数差所造成的不利影响。将基于事件触发的通信策略应用于一阶随机系统的状态估计中，以此来达到估计性能与通信频率间的平衡。

在智能配电网中，作为“状态感知工具”的核心，状态估计具有重要的研究价值，但是由于系统中存在着大量异常量测信息，对状态估计的结果有着重要影响。目前，关于电力系统状态估计研究主要针对电力输电系统，基于不确定性量测下配电网状态估计的研究相对匮乏。此外，由于配电网呈辐射状且规模庞大，大量短支路的存在会产生数值计算的困难，这些因素将导致基于不确定性量测的配电网状态估计具有很大的挑战性。

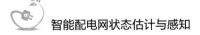

第 2 章

配电网可观测性分析和关键数据辨识

对配电系统实时运行状态的准确感知离不开状态估计，而配电网可观测是状态估计正常运行的可靠前提。在配电网中增加量测设备可大大提高网络的可观测性，但在实际的工程中，实施比较困难且经济成本较高，此处基于一定的数据辨识方法，选取某些关键量测，既可满足可观测性的需求，也能避免经济成本过高。在极坐标下基于支路电流的配电系统状态估计模型的基础上，本章提出了一种有功/无功解耦的配电网三相可观测性分析和关键数据辨识方法，实现了有功/无功解耦计算，且无需迭代计算，可一次性快速辨识出不可观测支路和关键量测数据，极大降低了计算量，提高了计算速度。量测雅可比矩阵元素均为非负整数，具有良好的数值稳定性。多个 IEEE 算例系统和实际配电系统测试，验证了所提方法的有效性。

2.1　基于支路电流的配电系统状态估计模型

2.1.1　配电线路模型

因为在电网稳定运行时，电力系统状态量变化不大，故配电线路可采用线性时不变模型。

采用极坐标下，基于支路电流的配电系统状态估计模型选择支路电流幅值和相角作为状态变量，可实现雅可比矩阵三相解耦。配电线路 π 型等效电路如

图 2–1 所示。其中线路阻抗为 Z_{km}^{pp}，对地导纳的大小等效为两端各 1/2 j_{km}^{pi} 大小的导纳，忽略电导 G。

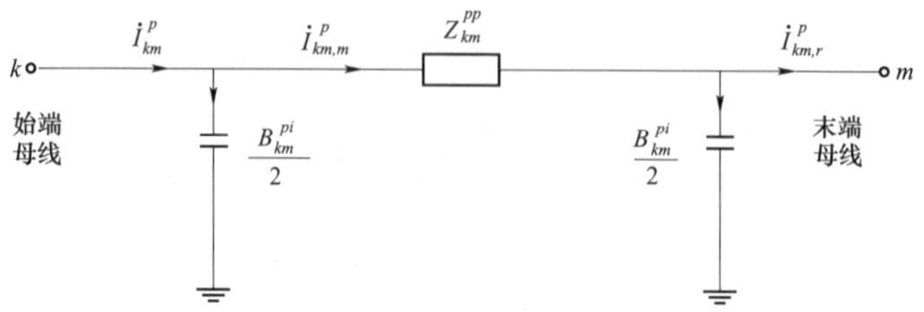

图 2–1　配电线路 π 型等效电路

线路中部电流为

$$\begin{aligned}\dot{I}_{km,m}^{p} &= \dot{I}_{km}^{p} - \sum_{i=A}^{C}\dot{V}_{k}^{i}(\mathrm{j}B_{km}^{pi}/2) \\ &= I_{km}^{p}\cos\alpha_{km}^{p} + \sum_{i=A}^{C}(B_{km}^{pi}/2)V_{k}^{i}\sin\delta_{k}^{i} \\ &\quad + \mathrm{j}\left(I_{km}^{p}\sin\alpha_{km}^{p} - \sum_{i=A}^{C}(B_{km}^{pi}/2)V_{k}^{i}\cos\delta_{k}^{i}\right)\end{aligned} \tag{2-1}$$

线路末端电流为

$$\begin{aligned}\dot{I}_{km,r}^{p} &= \dot{I}_{km}^{p} - \sum_{i=A}^{C}(\dot{V}_{k}^{i}+\dot{V}_{m}^{i})(\mathrm{j}B_{km}^{pi}/2) \\ &= I_{km}^{p}\cos\alpha_{km}^{p} + \sum_{i=A}^{C}(B_{km}^{pi}/2)(V_{k}^{i}\sin\delta_{k}^{i}+V_{m}^{i}\sin\delta_{m}^{i}) \\ &\quad + \mathrm{j}\left(I_{km}^{p}\sin\alpha_{km}^{p} - \sum_{i=A}^{C}(B_{km}^{pi}/2)(V_{k}^{i}\cos\delta_{k}^{i}+V_{m}^{i}\cos\delta_{m}^{i})\right)\end{aligned} \tag{2-2}$$

式中　V_{k}^{i} ——节点 k 的 i 相电压幅值；

δ_{k}^{i} ——节点 k 的 i 相电压相角；

I_{km}^{p} ——支路 $k-m$ 的 p 相电流幅值；

α_{km}^{p} ——支路 $k-m$ 的 p 相电流相角；

B_{km}^{pi} ——支路 $k-m$ 的 p 相对 i 相的电纳。

2.1.2　量测方程和雅可比矩阵构造

（1）支路功率量测：从母线 k 到母线 m 的 p 相功率可表示为

$$P_{km}^{p}+\mathrm{j}Q_{km}^{p}=\dot{V}_{k}^{p}\bullet(\dot{I}_{km}^{p})^{*}=V_{k}^{p}I_{km}^{p}[\cos(\delta_{k}^{p}-\alpha_{km}^{p})+\mathrm{j}\sin(\delta_{k}^{p}-\alpha_{km}^{p})] \tag{2-3}$$

式中　P_{km}^{p}——支路 $k-m$ 的 p 相支路有功功率；

Q_{km}^{p}——支路 $k-m$ 的 p 相支路无功功率；

δ_{k}^{p}——节点 k 的 p 相相角。

通过分开虚实部，有功和无功支路量测方程可以表示为

$$\begin{cases}P_{km}^{p}=V_{k}^{p}I_{km}^{p}\cos(\delta_{k}^{p}-\alpha_{km}^{p})\\Q_{km}^{p}=V_{k}^{p}I_{km}^{p}\sin(\delta_{k}^{p}-\alpha_{km}^{p})\end{cases} \tag{2-4}$$

因此，对应的雅可比矩阵的元素为

$$\begin{aligned}
h_{I}^{PFlow}&=\frac{\partial P_{km}^{p}}{\partial I_{st}^{q}}=\begin{cases}V_{k}^{p}\cos(\delta_{k}^{p}-\alpha_{km}^{p}),(km=st,p=q)\\0,(p\neq q)\end{cases}\\
h_{\alpha}^{PFlow}&=\frac{\partial P_{km}^{p}}{\partial \alpha_{st}^{q}}=\begin{cases}V_{k}^{p}I_{km}^{p}\sin(\delta_{k}^{p}-\alpha_{km}^{p}),(km=st,p=q)\\0,(p\neq q)\end{cases}\\
h_{I}^{QFlow}&=\frac{\partial Q_{km}^{p}}{\partial I_{st}^{q}}=\begin{cases}V_{k}^{p}\sin(\delta_{k}^{p}-\alpha_{km}^{p}),(km=st,p=q)\\0,(p\neq q)\end{cases}\\
h_{\alpha}^{QFlow}&=\frac{\partial Q_{km}^{p}}{\partial \alpha_{st}^{q}}=\begin{cases}-V_{k}^{p}I_{km}^{p}\cos(\delta_{k}^{p}-\alpha_{km}^{p}),(km=st,p=q)\\0,(p\neq q)\end{cases}
\end{aligned} \tag{2-5}$$

（2）注入功率量测：母线 k 的 p 相功率可表示为上游支路功率减所有下游支路功率

$$\begin{aligned}
P_{k}^{p}+\mathrm{j}Q_{k}^{p}&=\dot{V}_{k}^{p}\bullet\left(\sum_{i=1}^{m}\dot{I}_{ik,r}^{p}-\sum_{m+1}^{n}\dot{I}_{ki}^{p}\right)^{*}\\
&=\dot{V}_{k}^{p}\sum_{i=1}^{m}\left[\dot{I}_{ik}^{p}-\sum_{l=A}^{C}(\dot{V}_{k}^{l}+\dot{V}_{i}^{l})(\mathrm{j}B_{ik}^{pl}/2)\right]^{*}\\
&\quad-V_{k}^{p}\sum_{i=m+1}^{n}I_{ki}^{p}[\cos(\delta_{k}^{p}-\alpha_{ki}^{p})+\mathrm{j}\sin(\delta_{k}^{p}-\alpha_{ki}^{p})]
\end{aligned} \tag{2-6}$$

式中　P_{k}^{p}——节点 k 的 p 相注入有功功率；

Q_{k}^{p}——节点 k 的 p 相注入无功功率；

I_{ik}^{p}——支路 $i-k$ 的 p 相电流幅值；

母线 1，…，m——母线 k 的上游母线；

母线 m+1，…，n——母线 k 的下游母线；

I_{ki}^p ——支路 $k-i$ 的 p 相电流幅值；

B_{ik}^{pl} ——支路 $i-k$ 的 p 相对 l 相的电纳；

α_{ki}^p ——支路 $k-i$ 的 p 相电流相角。

通过分开虚实部，注入有功和无功功率量测方程可以表示为

$$\begin{aligned} P_k^p &= V_k^p \sum_{i=1}^{m} I_{ik}^p \cos(\delta_k^p - \alpha_{ik}^p) - V_k^p \sum_{i=m+1}^{n} I_{ki}^p \cos(\delta_k^p - \alpha_{ki}^p) \\ &\quad + \mathrm{Re}\left\{\dot{V}_k^p \sum_{i=1}^{m}\left[-\sum_{l=A}^{C}(\dot{V}_k^l + \dot{V}_i^l)(\mathrm{j}B_{ik}^{pl}/2)\right]^*\right\} \\ Q_k^p &= V_k^p \sum_{i=1}^{m} I_{ik}^p \sin(\delta_k^p - \alpha_{ik}^p) - V_k^p \sum_{i=m+1}^{n} I_{ki}^p \sin(\delta_k^p - \alpha_{ki}^p) \\ &\quad + \mathrm{Im}\left\{\dot{V}_k^p \sum_{i=1}^{m}\left[-\sum_{l=A}^{C}(\dot{V}_k^l + \dot{V}_i^l)(\mathrm{j}B_{ik}^{pl}/2)\right]^*\right\} \end{aligned} \tag{2-7}$$

上游支路对应的雅可比矩阵的元素为

$$\begin{aligned} h_I^{PInj} &= \frac{\partial P_k^p}{\partial I_{ik}^q} = \begin{cases} V_k^p \cos(\delta_k^p - \alpha_{ik}^p),(p=q) \\ 0,(p \neq q) \end{cases} \\ h_\alpha^{PInj} &= \frac{\partial P_k^p}{\partial \alpha_{ik}^q} = \begin{cases} V_k^p I_{ik}^p \sin(\delta_k^p - \alpha_{ik}^p),(p=q) \\ 0,(p \neq q) \end{cases} \\ h_I^{QInj} &= \frac{\partial Q_k^p}{\partial I_{ik}^q} = \begin{cases} V_k^p \sin(\delta_k^p - \alpha_{ik}^p),(p=q) \\ 0,(p \neq q) \end{cases} \\ h_\alpha^{QInj} &= \frac{\partial Q_k^p}{\partial \alpha_{ik}^q} = \begin{cases} -V_k^p I_{ik}^p \cos(\delta_k^p - \alpha_{ik}^p),(p=q) \\ 0,(p \neq q) \end{cases} \end{aligned} \tag{2-8}$$

下游支路对应的雅可比矩阵的元素为

$$\begin{aligned} h_I^{PInj} &= \frac{\partial P_k^p}{\partial I_{ki}^q} = \begin{cases} -V_k^p \cos(\delta_k^p - \alpha_{ki}^p),(p=q) \\ 0,(p \neq q) \end{cases} \\ h_\alpha^{PInj} &= \frac{\partial P_k^p}{\partial \alpha_{ki}^q} = \begin{cases} -V_k^p I_{ki}^p \sin(\delta_k^p - \alpha_{ki}^p),(p=q) \\ 0,(p \neq q) \end{cases} \\ h_I^{QInj} &= \frac{\partial Q_k^p}{\partial I_{ki}^q} = \begin{cases} -V_k^p \sin(\delta_k^p - \alpha_{ki}^p),(p=q) \\ 0,(p \neq q) \end{cases} \\ h_\alpha^{QInj} &= \frac{\partial Q_k^p}{\partial \alpha_{ki}^q} = \begin{cases} V_k^p I_{ki}^p \cos(\delta_k^p - \alpha_{ki}^p),(p=q) \\ 0,(p \neq q) \end{cases} \end{aligned} \tag{2-9}$$

2.1.3 加权最小二乘估计

配电系统的量测方程如下

$$\boldsymbol{z}=\boldsymbol{h}(\boldsymbol{x})+\boldsymbol{v} \tag{2-10}$$

式中 $\boldsymbol{x}$——$2n\times1$ 状态向量；

$\boldsymbol{z}$——$m\times1$ 量测向量；

$\boldsymbol{v}$——$m\times1$ 量测误差向量；

m——量测数；

n——支路数；

$h(\bullet)$——$m\times1$ 非线性量测函数。

WLS 估计准则为

$$\hat{\boldsymbol{x}}=\min J(\boldsymbol{x})=\min[\boldsymbol{z}\bullet h(\boldsymbol{x})]^{\mathrm{T}}\boldsymbol{R}^{-1}[z-h(\boldsymbol{x})] \tag{2-11}$$

式中 $J(\bullet)$——目标函数；

$\boldsymbol{R}$——量测误差协方差矩阵。

令目标函数对 x 的偏导为零

$$\frac{\partial J(\boldsymbol{x})}{\partial \boldsymbol{x}}=-\boldsymbol{H}^{\mathrm{T}}(\boldsymbol{x})\boldsymbol{R}^{-1}[z-h(\boldsymbol{x})]=\boldsymbol{0} \tag{2-12}$$

式中 $\boldsymbol{H}(\boldsymbol{x})=\partial J(x)/\partial x$——$m\times n$ 阶量测雅可比矩阵或设计矩阵。

进一步，在 $\boldsymbol{x}^k$ 附近将 $\boldsymbol{h}(\boldsymbol{x})$ 进行泰勒展开，忽略二次以上的非线性项后，得到正规方程

$$\boldsymbol{G}(\boldsymbol{x}^k)\Delta\boldsymbol{x}^{k+1}=\boldsymbol{H}^{\mathrm{T}}(\boldsymbol{x}^k)\boldsymbol{R}^{-1}[z-h(\boldsymbol{x}^k)] \tag{2-13}$$

式中 k——节点编号；

$\Delta x^{k+1}=x^{k+1}-x^k$——增益矩阵；

$\boldsymbol{G}(x^k)=\boldsymbol{H}^T(x^k)\boldsymbol{R}^{-1}h(x^k)$——增益矩阵。

对正规方程进行迭代求解，迭代格式如下

$$\begin{cases}\boldsymbol{x}^{k+1}=\boldsymbol{x}^k+\Delta\boldsymbol{x}^k\\ \Delta\boldsymbol{x}^k=\boldsymbol{G}(\boldsymbol{x}^k)^{-1}\boldsymbol{H}^{\mathrm{T}}(\boldsymbol{x}^k)\boldsymbol{R}^{-1}[z-h(\boldsymbol{x}^k)]\end{cases} \tag{2-14}$$

考虑电力系统中含有很多零注入节点，含等式约束的 WLS 估计可写为如下优化问题

$$\begin{aligned}&\min J(x)=[\boldsymbol{z}\bullet h(\boldsymbol{x})]^{\mathrm{T}}\boldsymbol{R}^{-1}[z-h(\boldsymbol{x})]\\&\text{s.t.}\ \ c(x)=0\end{aligned} \tag{2-15}$$

式中　$c(x)=0$——非线性零注入功率量测方程约束。

采用拉格朗日乘子法改写为

$$L(\boldsymbol{x},\lambda)=[\boldsymbol{z}-\boldsymbol{h}(\boldsymbol{x})]^{\mathrm{T}}\boldsymbol{R}^{-1}[\boldsymbol{z}-\boldsymbol{h}(\boldsymbol{x})]+\boldsymbol{\lambda}^{\mathrm{T}}\boldsymbol{c}(x) \tag{2-16}$$

式中　λ——拉格朗日乘子向量；

$L(\cdot)$——拉格朗日函数。

令函数对 x、λ 的偏导为零

$$\begin{cases}\dfrac{\partial L(x,\lambda)}{\partial x}=-\boldsymbol{H}^{\mathrm{T}}(x)\boldsymbol{R}^{-1}[\boldsymbol{z}-\boldsymbol{h}(x)]+\boldsymbol{C}(x)^{\mathrm{T}}\boldsymbol{\lambda}=\boldsymbol{0}\\ \dfrac{\partial L(x,\lambda)}{\partial \lambda}=\boldsymbol{c}(x)=0\end{cases} \tag{2-17}$$

式中　$\boldsymbol{C}(x)$——零注入功率量测对应的雅可比矩阵。

从而可采用牛顿法求解，每次迭代求解如下正规方程

$$\begin{pmatrix}\boldsymbol{H}^{\mathrm{T}}\boldsymbol{R}^{-1}\boldsymbol{H} & \boldsymbol{C}^{\mathrm{T}}\\ \boldsymbol{C} & 0\end{pmatrix}\begin{pmatrix}\Delta x\\ \lambda\end{pmatrix}=\begin{pmatrix}\boldsymbol{H}^{\mathrm{T}}\boldsymbol{R}^{-1}\Delta z\\ \Delta c\end{pmatrix} \tag{2-18}$$

2.2　有功/无功解耦可观测性分析

2.2.1　基于支路电流的配电系统可观测性定义

通过将传统可观测性定义中的支路功率替换为支路电流，可以得到基于支路电流的可观测性定义：若所有支路电流可以通过现有的量测计算得到，则称配电网络可观测。若存在某一支路的电流幅值计算值为非零值，则说明必定存在至少一个非零量测值。对于一个可观测的配电网，所有量测均为零时，必定推知所有支路电流幅值计算值均为零；反之，对于不可观测的配电网，所有量测均为零时，却存在部分支路电流幅值计算值非零，这些非零电流支路称为不可观测支路。

2.2.2　解耦和非迭代可观测性分析方法

若配电网络不可观测，正规方程进行三角分解后变为

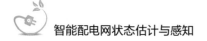

$$\left(\begin{array}{ccc|ccc} \times & \cdots & \times & \times & \cdots & \times \\ & \ddots & \vdots & \vdots & \ddots & \vdots \\ & & \times & \times & \cdots & \times \\ \hline & & & & & \\ & & & & \mathbf{0} & \\ & & & & & \end{array}\right)\begin{pmatrix} \Delta \boldsymbol{x}_a \\ --- \\ \Delta \boldsymbol{x}_b \end{pmatrix} = \begin{pmatrix} \\ \boldsymbol{b} \\ \\ \end{pmatrix} \tag{2-19}$$

其中，右端向量 $\boldsymbol{b}$ 等于 $\boldsymbol{z}-\boldsymbol{H}^{\mathrm{T}}\boldsymbol{R}^{-1}h(x)$ 或 $-\boldsymbol{H}^{\mathrm{T}}\boldsymbol{R}^{-1}h(x)$（所有量测为零时），系数矩阵经行变换后右下三角矩阵对角元素为零主元。

传统的输电网可观测性分析方法为：① 将三角分解中遇到的零主元替换为 1；② 将零主元对应的右端向量元素替换为连续整数，如$(0, 1, \cdots, n)^{\mathrm{T}}$；③ 求解新的正规方程组。

考虑到基于支路电流的配电系统状态估计模型的正规方程中，待求解向量为状态变量的修正量而非状态变量自身，提出一种新的处理方法：① 将所有节点初始电压置为 $U_0\angle 0^\circ$，所有支路初始电流置为 $I_0\angle 0^\circ$（$I_0 \neq 0$）；② 将三角分解中遇到的零主元替换为 1，对应的右端向量元素替换为 0；③ 求解新的正规方程组，即

$$\left(\begin{array}{ccc|ccc} \times & \cdots & \times & \times & \cdots & \times \\ & \ddots & \vdots & \vdots & \ddots & \vdots \\ & & \times & \times & \cdots & \times \\ \hline & & & 1 & & \\ & & & & \ddots & \\ & & & & & 1 \end{array}\right)\begin{pmatrix} \Delta x_a \\ -- \\ \Delta x_b \end{pmatrix} = \begin{pmatrix} b_a \\ \\ 0 \end{pmatrix} \tag{2-20}$$

上述处理保证了正规方程组可解，使得零主元支路的电流修正量为零，从而保证零主元支路电流幅值保持其初始的非零值，而可观测支路的电流幅值则通过迭代计算修正为零。

2.2.3 可观测性分析

所提的数值可观测性分析方法可实现：① 正规方程组 $PI/Q\alpha$ 解耦，仅需计算 PI 部分；② 一次性求解正规方程组，无需迭代。证明过程如下：

第一次迭代中，对节点电压和支路电流初始化后，雅可比矩阵中对应支路功率量测和节点注入量测的元素计算公式如下，其中 k，m，s，t 为节点编号；

p，q 为相位标注

$$h_I^{PFlow(0)}=\frac{\partial P_{km}^p}{\partial I_{st}^q}=\begin{cases}U_0,(km=st,p=q)\\0,(km\neq st,p\neq q)\end{cases}\qquad h_I^{PInj(0)}=\frac{\partial P_k^p}{\partial I_{ik/ki}^q}=\begin{cases}\pm U_0,(p=q)\\0,(p\neq q)\end{cases}$$

$$h_\alpha^{PFlow(0)}=\frac{\partial P_{km}^p}{\partial \alpha_{st}^q}=\begin{cases}0,(km=st,p=q)\\0,(km\neq st,p\neq q)\end{cases}\qquad h_\alpha^{PInj(0)}=\frac{\partial P_k^p}{\partial \alpha_{ik/ki}^q}=\begin{cases}0,(p=q)\\0,(p\neq q)\end{cases}$$

$$h_I^{QFlow(0)}=\frac{\partial Q_{km}^p}{\partial I_{st}^q}=\begin{cases}0,(km=st,p=q)\\0,(km\neq st,p\neq q)\end{cases}\qquad h_I^{QInj(0)}=\frac{\partial Q_k^p}{\partial I_{ik/ki}^q}=\begin{cases}0,(p=q)\\0,(p\neq q)\end{cases}$$

$$h_\alpha^{QFlow(0)}=\frac{\partial Q_{km}^p}{\partial \alpha_{st}^q}=\begin{cases}-U_0 I_{km}^p,(km=st,p=q)\\0,(km\neq st,p\neq q)\end{cases}\qquad h_\alpha^{QInj(0)}=\frac{\partial Q_k^p}{\partial \alpha_{ik/ki}^q}=\begin{cases}\pm U_0 I_{ik/ki}^p,(p=q)\\0,(p\neq q)\end{cases}$$

可见，将 U_0 提出后所有雅可比矩阵元素均为整数。此外，在初始电压和电流条件下雅可比矩阵实现了 PQ 解耦

$$\boldsymbol{H}=\begin{pmatrix}\boldsymbol{H}_{PI} & 0\\ 0 & \boldsymbol{H}_{Q\alpha}\end{pmatrix} \tag{2-21}$$

式中　$\boldsymbol{H}_{PI}$，$\boldsymbol{H}_{Q\alpha}$——雅可比矩阵的方阵。

正规方程组中第 i 个方程如下

$$\begin{pmatrix}g_{i,1} & \cdots & g_{i,2n-1} & g_{i,2n}\end{pmatrix}\begin{pmatrix}\Delta x_1\\ \vdots\\ \Delta x_{2n-1}\\ \Delta x_{2n}\end{pmatrix}=b_i \tag{2-22}$$

根据公式 $\boldsymbol{G}=H^{\mathrm{T}}\boldsymbol{R}^{-1}\boldsymbol{H}$ 可得增益矩阵 $\boldsymbol{G}$ 元素，g_{it} 可表示为雅可比矩阵 $\boldsymbol{H}$ 第 i，t 列向量的加权内积

$$g_{it}=\sum_{j=1}^{m}h_{ji}r_j^{-1}h_{jt} \tag{2-23}$$

根据公式 $\boldsymbol{b}=z-H^{\mathrm{T}}R^{-1}h(x)$ 及 $z=0$ 可得右端向量 $\boldsymbol{b}$ 元素 b_i 为

$$b_i=\sum_{j=1}^{m}h_{ji}r_j^{-1}[-h_j(\boldsymbol{x})] \tag{2-24}$$

由此，正规方程组的每个方程左右端可分别写为

$$\begin{cases}左边=\sum_{t=1}^{n}g_{it}\Delta x_t=\sum_{t=1}^{n}\sum_{j=1}^{m}h_{ji}r_j^{-1}h_{jt}\Delta x_t=\sum_{j=1}^{m}h_{ji}r_j^{-1}\sum_{t=1}^{n}h_{jt}\Delta x_t\\ 右边=b_i=\sum_{j=1}^{m}h_{ji}r_j^{-1}[-h_j(\boldsymbol{x})]\end{cases} \tag{2-25}$$

由于正规方程组存在唯一解，由式（2-25）可推知

$$\sum_{t=1}^{n} h_{jt}\Delta x_t = -h_j(\boldsymbol{x}) \tag{2-26}$$

根据量测类型、量测方程、雅可比矩阵元素，对式（2-26）分析如下

（1）若量测 j 为支路功率量测，则式（2-21）变为

$$\begin{aligned} &PFlow:\ U_0 \bullet \Delta I^{Flow} = -U_0 I^{Flow(0)} \cos 0^\circ \quad \rightarrow \quad \Delta I^{Flow} = -I^{Flow(0)} \\ &QFlow:\ -U_0 I^{Flow(0)} \cos 0^\circ \bullet \Delta\alpha^{Flow} = 0 \quad \rightarrow \quad \Delta\alpha^{Flow} = 0 \end{aligned} \tag{2-27}$$

式中　$I^{Flow(0)}$ ——第 1 次迭代时支路功率量测 j 所在支路的电流幅值状态变量值；

ΔI^{Flow} ——支路功率量测 j 对应的支路电流幅值状态变量修正量；

$\Delta\alpha^{Flow}$ ——支路功率量测 j 对应的支路电流相角状态变量修正量。

可见，配置功率量测的支路电流幅值在第一次迭代中即被修正为零。

（2）若量测 j 为节点注入功率量测，则式（2-21）变为

$$\begin{aligned} &PInj: U_0\left(\Delta I_{\text{up}}^{Inj} - \sum_{i=1}^{d_j} \Delta I_{\text{down},i}^{Inj}\right)\cos 0^\circ = -U_0\left(I_{\text{up}}^{Inj(0)} - \sum_{i=1}^{d_j} I_{\text{down},i}^{Inj(0)}\right)\cos 0^\circ \\ &QInj: U_0\left(-I_{\text{up}}^{Inj(0)}\Delta\alpha_{\text{up}}^{Inj} + \sum_{i=1}^{d_j} I_{\text{down},i}^{Inj(0)}\Delta\alpha_{\text{down},i}^{Inj}\right)\cos 0^\circ = 0 \rightarrow \Delta\alpha_{\text{up}}^{Inj} = \Delta\alpha_{\text{down},i}^{Inj} = 0 \end{aligned} \tag{2-28}$$

式中　$I_{\text{up}}^{Inj(0)}$ ——第 1 次迭代时注入功率量测 j 所在节点的上游支路对应的电流幅值状态变量值；

$I_{\text{down},j}^{Inj(0)}$ ——第 1 次迭代时注入功率量测 j 所在节点的第 i 条下游对应的电流幅值状态变量值；

$\Delta I_{\text{up}}^{Inj}$ ——注入功率量测 j 所在节点的上游支路对应的电流幅值状态变量修正量；

$\Delta\alpha_{\text{up}}^{Inj}$ ——注入功率量测 j 所在节点的上游支路对应的电流相角状态变量修正量；

$\Delta I_{\text{down},i}^{Inj}$ ——注入功率量测 j 所在节点的第 i 条下游支路对应的电流幅值状态变量修正量；

$\Delta\alpha_{\text{down},i}^{Inj}$ ——注入功率量测 j 所在节点的第 i 条下游支路对应的电流相角状态变量修正量；

d_j——注入功率量测 j 对应的节点下游支路数。

由于正规方程组存在唯一解，由式（2–22）、式（2–23）可推知支路电流相角修正量必定为零向量，即正规方程组 $Q\alpha$ 部分在第一次迭代计算后即可满足收敛条件，且支路电流相角保持为零，从而正规方程组的 PQ 解耦特性在迭代计算中始终保持。此外，$\boldsymbol{H}_{PI}$ 元素保持与式（2–16）相同，使得 PI 部分雅可比矩阵 $\boldsymbol{H}_{PI}$ 和增益矩阵 $\boldsymbol{G}_{PI}$ 变为常数矩阵。

在第二次迭代中，根据式（2–22）和式（2–23）修正后的状态变量代入量测方程，得到量测量的计算值如下

$$\left.\begin{aligned} h^{PFlow(1)}(x_1) &= U_0 I^{Flow(1)} \cos 0^\circ = U_0 (I^{Flow(0)} + \Delta I^{Flow}) \cos 0^\circ = 0 \\ h^{PInj(1)}(x_1) &= U_0 \left(I_{\mathrm{up}}^{Inj(1)} - \sum_{i=1}^{d_j} I_{\mathrm{down},i}^{Inj(1)} \right) \cos 0^\circ \\ &= U_0 \left[(I_{\mathrm{up}}^{Inj(0)} + \Delta I_{\mathrm{up}}^{Inj}) - \sum_{i=1}^{d_j} (I_{\mathrm{down},i}^{Inj(0)} + \Delta I_{\mathrm{down},i}^{Inj}) \right] \cos 0^\circ \\ &= U_0 \left[\left(\Delta I_{\mathrm{up}}^{Inj} - \sum_{i=1}^{d_j} \Delta I_{\mathrm{down},i}^{Inj} \right) + \left(I_{\mathrm{up}}^{Inj(0)} - \sum_{i=1}^{d_j} I_{\mathrm{down},i}^{Inj(0)} \right) \right] \cos 0^\circ = 0 \end{aligned}\right\} \quad (2-29)$$

式中　$I^{Flow(1)}$——第 2 次迭代时支路功率量测节点 j 所在支路的电流幅值状态变量值；

$I_{\mathrm{up}}^{Inj(1)}$——第 2 次迭代时注入功率量测节点 j 所在的上游支路对应的电流幅值状态变量值；

$I_{\mathrm{down},i}^{Inj(1)}$——第 2 次迭代时注入功率量测节点 j 所在的第 i 条下游支路对应的电流幅值状态变量值。

可见，在第二次迭代中，正规方程组右端向量变为零向量，因此解得状态变量修正量必定为零向量，满足收敛条件，意味着第二次迭代计算无需执行。

综上可证，所提方法可实现 PQ 解耦计算，仅需求解 PI 部分正规方程组；可一次性求得方程组的解，无需迭代计算。

2.2.4 算法流程

所提可观测性分析方法三相自然解耦，在 A、B、C 相配电网的算法流程

如下。

步骤 1：形成初始增益矩阵 $\boldsymbol{G}$ 并进行三角分解，判断该相网络是否可观测，若三角分解中没有零主元出现，则该相网络可观测，执行状态估计计算；否则该相网络不可观测，执行下一步。

步骤 2：将所有节点电压置 $U_0\angle 0°$，所有支路电流置 $I_0\angle 0°$（$I_0\neq 0$），所有量测置零，权重置 1。

步骤 3：更新 $\boldsymbol{H}_{PI}$ 和 $h_{PI}(x)$，计算 $\boldsymbol{G}_{PI}$ 和正规方程右端向量 $-\boldsymbol{H}_{PI}^{\mathrm{T}}\boldsymbol{R}_{PI}^{-1}\boldsymbol{h}_{PI}(\boldsymbol{x})$。

步骤 4：对 $\boldsymbol{G}_{PI}$ 执行三角分解，将零主元置 1，对应的右端向量置 0。

步骤 5：求解 PI 部分正规方程组，根据解向量修正状态变量。

步骤 6：移除所有非零电流幅值支路，可得所有可观测岛。

步骤 7：根据文献执行量测配置算法，恢复该相网络可观测性。

2.3　有功/无功解耦关键数据辨识

2.3.1　传统关键数据辨识方法

目前，传统的辨识方法是由 Jerome J 提出的 Cmeas 和 Cset 辨识方法，该方法基于线性直流状态估计模型，计算思想如下：

（1）所有量测置连续的正整数，如 $\boldsymbol{z}=[1\ 1\cdots 1]^{\mathrm{T}}$。

（2）执行状态估计，计算残差向量 $\boldsymbol{r}$ 及协方差矩阵 $\boldsymbol{E}$，若 $\boldsymbol{r}(i)$和 $\boldsymbol{E}(I,i)$均为零，则量测 $\boldsymbol{z}(i)$为 Cmeas。

（3）对非 Cmeas，计算正则化残差向量 $\boldsymbol{r}_{\mathrm{N}}$ 并进行排序，正则化残差值相等的量测组成候选 Cset。

（4）根据候选 Cset 内量测的协方差进一步确认，得到最终 Cset。

2.3.2　解耦和非迭代关键数据辨识方法

对于配电系统，没有类似输电系统的解耦线性直流状态估计模型，由于量测雅可比矩阵 PQ 耦合和迭代计算，传统方法的直接应用将导致计算量巨大。因此，基于前述可观测性分析方法的思想，提出一种 PQ 解耦和不需迭代计算的关键数据辨识方法：

（1）将所有节点电压置 $U_0\angle 0°$，所有支路电流置 $I_0\angle 0°$（$I_0\neq 0$），所有有功功率量测置 P_0（例如连续正整数），所有无功功率置零，所有量测权重置 1；

（2）执行状态估计计算，根据正则化残差确定 Cmeas 和 Cset。

2.3.3 可行性分析

所提的关键数据辨识方法可实现：① 正规方程组 $PI/Q\alpha$ 解耦，仅需计算 PI 部分；② 一次性求解正规方程组，无需迭代。证明过程如下：

由 $\boldsymbol{b}=\boldsymbol{z}-\boldsymbol{H}^{\mathrm{T}}\boldsymbol{R}^{-1}\boldsymbol{h}(x)$，右端向量 $\boldsymbol{b}$ 的元素 b_i 可写为

$$b_i=\sum_{j=1}^{m}h_{ji}r_j^{-1}[z_j-h_j(\boldsymbol{x})] \tag{2-30}$$

正规方程组每个方程左右两端分别写作

$$\begin{cases}左边=\sum\limits_{t=1}^{n}g_{it}\Delta x_t=\sum\limits_{t=1}^{n}\sum\limits_{j=1}^{m}h_{ji}r_j^{-1}h_{jt}\Delta x_t=\sum\limits_{j=1}^{m}h_{ji}r_j^{-1}\sum\limits_{t=1}^{n}h_{jt}\Delta x_t\\ 右边=b_i=\sum\limits_{j=1}^{m}h_{ji}r_j^{-1}[z_j-h_j(\boldsymbol{x})]\end{cases} \tag{2-31}$$

由于正规方程组存在唯一解，式（2-31）可推知

$$\sum_{t=1}^{n}h_{jt}\Delta x_t=z_j-h_j(\boldsymbol{x}) \tag{2-32}$$

根据量测类型、量测方程、雅可比矩阵元素，对式（2-32）分析如下：

（1）若量测 j 为支路功率量测，则式（2-27）变为

$$\begin{aligned}&PFlow:U_0\bullet\Delta I^{Flow}=z_j-U_0I^{Flow(0)}\cos 0°\to I^{Flow(0)}+\Delta I^{Flow}=z_j/U_0\\&QFlow:-U_0I^{Flow(0)}\cos 0°\bullet\Delta\alpha^{Flow}=0\to\Delta\alpha^{Flow}=0\end{aligned} \tag{2-33}$$

（2）若量测 j 为节点注入功率量测，则式（2-27）变为

$$\begin{aligned}&PInj:U_0\left(\Delta I_{\mathrm{up}}^{Inj}-\sum_{i=1}^{d_j}\Delta I_{\mathrm{down},i}^{Inj}\right)\cos 0°=z_j-U_0\left(I_{\mathrm{up}}^{Inj(0)}-\sum_{i=1}^{d_j}I_{\mathrm{down},i}^{Inj(0)}\right)\cos 0°\\&QInj:U_0\left(-I_{\mathrm{up}}^{Inj(0)}\Delta\alpha_{\mathrm{up}}^{Inj}+\sum_{i=1}^{d_j}I_{\mathrm{down},i}^{Inj(0)}\Delta\alpha_{\mathrm{down},i}^{Inj}\right)\cos 0°=z_j-0=0\\&\to\Delta\alpha_{\mathrm{up}}^{Inj}=\Delta\alpha_{\mathrm{down},i}^{Inj}=0\end{aligned} \tag{2-34}$$

根据 2.2.3 分析可知：① 正规方程组 $Q\alpha$ 部分在第一次迭代计算后即可满

足收敛条件；② 正规方程组的 PQ 解耦特性在迭代计算中始终保持；③ $\boldsymbol{H}_{PI}$ 和 $\boldsymbol{G}_{PI}$ 为常数矩阵。

在第二次迭代中，根据式（2-22）、式（2-23）修正后的状态变量代入量测方程，得到量测量的计算值如下

$$\left.\begin{aligned}
&h^{PFlow(1)}(\boldsymbol{x}_1)=U_0 I^{Flow(1)}\cos 0^\circ=U_0(I^{Flow(0)}+\Delta I^{Flow})\cos 0^\circ=z_j\\
&h^{PInj(1)}(\boldsymbol{x}_1)=U_0\left(I_{\text{up}}^{Inj(1)}-\sum_{i=1}^{d_j} I_{\text{down},i}^{Inj(1)}\right)\cos 0^\circ\\
&\qquad=U_0\left[(I_{\text{up}}^{Inj(0)}+\Delta I_{\text{up}}^{Inj})-\sum_{i=1}^{d_j}(I_{\text{down},i}^{Inj(0)}+\Delta I_{\text{down},i}^{Inj})\right]\cos 0^\circ\\
&\qquad=U_0\left[\left(\Delta I_{\text{up}}^{Inj}-\sum_{i=1}^{d_j}\Delta I_{\text{down},i}^{Inj}\right)+\left(I_{\text{up}}^{Inj(0)}-\sum_{i=1}^{d_j} I_{\text{down},i}^{Inj(0)}\right)\right]\cos 0^\circ=z_j
\end{aligned}\right\}\quad(2-35)$$

可见，在第二次迭代中，正规方程组右端向量变为零向量，因此解得状态变量修正量必定为零向量，满足收敛条件，意味着第二次迭代计算无需执行。

综上可证，所提方法可实现 PQ 解耦计算，仅需求解 PI 部分正规方程组；可一次性求得方程组的解，无需迭代计算。

2.3.4 算法流程

所提关键数据辨识方法三相自然解耦，在 A、B、C 相配电网的算法流程如下：

步骤 1：将所有节点电压置 $U_0\angle 0^\circ$，所有支路电流置 $I_0\angle 0^\circ$（$I_0\neq 0$），所有有功功率量测置 P_0（如连续正整数），权重置 1；

步骤 2：计算 $\boldsymbol{H}_{PI}$，$\boldsymbol{h}_{PI}(\boldsymbol{x})$，$\boldsymbol{G}_{PI}$ 和正规方程右端向量 $\boldsymbol{z}_{PI}-H_{PI}^{\mathrm{T}}R_{PI}^{-1}\boldsymbol{h}_{PI}(\boldsymbol{x})$；

步骤 3：求解 PI 部分正规方程组，根据解向量修正状态变量；

步骤 4：计算残差灵敏度矩阵 $\boldsymbol{E}_{PI}$，残差向量 $\boldsymbol{r}_{\mathrm{P}}$ 和正则化残差向量 $\boldsymbol{r}_{\mathrm{PN}}$；

步骤 5：若 $r_{\mathrm{PN},i}=0$，则量测 i 为 Cmeas，正则化残差相等的量测组成 Cset。

2.4 算 例 分 析

本节将所提可观测性分析和关键数据辨识方法分别应用于改进的 IEEE 13、37、67、123 节点配电系统中。为便于分析，采用如下处理：

（1）忽略所有电压调节器、变压器、开关设备及相应的馈线段和节点。

（2）将沿线分布的负荷均匀分配给馈线段两端节点。

（3）所有负荷均等效转换为 Y 连接的恒功率 PQ 型节点。

2.4.1 改进的 IEEE 13 节点配电系统

改进的 IEEE 13 节点算例系统三相不平衡，存在单相、两相、三相线路，图 2－2 显示了算例系统的两种三相不平衡的量测配置 MC（i）和 MC（ii）。

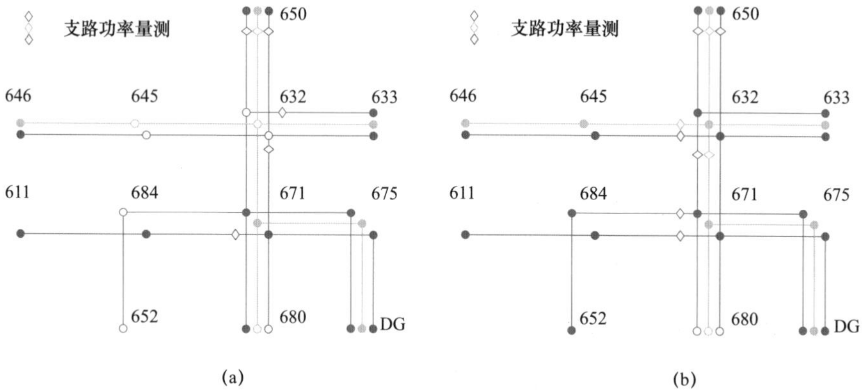

图 2－2　改进的 IEEE 13 节点配电系统

（a）量测配置 MC（i）；（b）量测配置 MC（ii）

（1）可观测性分析测试。采用 MC（i）测试所提出的可观测性分析方法，不可观测支路计算结果如表 2－1 所示。对于该小规模算例系统，其不可观测支路可根据基尔霍夫电流定律（kirchhoff current law，KCL）分析拓扑得到，从而对算法计算结果进行验证。以 A 相网络支路 671－684 为例，该支路上的功率量测 PQ（a，671－684）无法通过对节点 671 和 684 应用 KCL 计算得到，因此该支路不可观测。然而当网络规模增大时，由于组合特性和确实全局信息，拓扑分析方法变得非常困难。

将所提方法与 Zhang H 等提出的拓扑分析方法进行比较，该方法思想为首先根据支路功率量测形成支路量测岛，然后通过节点注入功率量测进行量测岛合并。两种方法得到的不可观测支路相同，验证了所提方法的有效性。改进的 IEEE 13 节点配电系统可观测岛划分结果如图 2－3 所示。

表 2－1　改进的 IEEE 13 节点配电系统可观测性分析和关键数据辨识结果

A 相	B 相	C 相
MC（*i*）不可观测支路		
632－671，671－684	632－645	632－645
MC（*ii*）关键量测		
PQ（*a*，671，675，901）	*PQ*（*b*，671，675，901）	*PQ*（*c*，632，633，671，675，650－632，901）
MC（*ii*）关键量测组		
PQ（*a*，684，652） *PQ*（*a*，632，633，632－671）	*PQ*（*b*，645，646） *PQ*（*b*，632，633，632－671）	*PQ*（*c*，645，646） *PQ*（*c*，611，684）

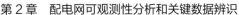

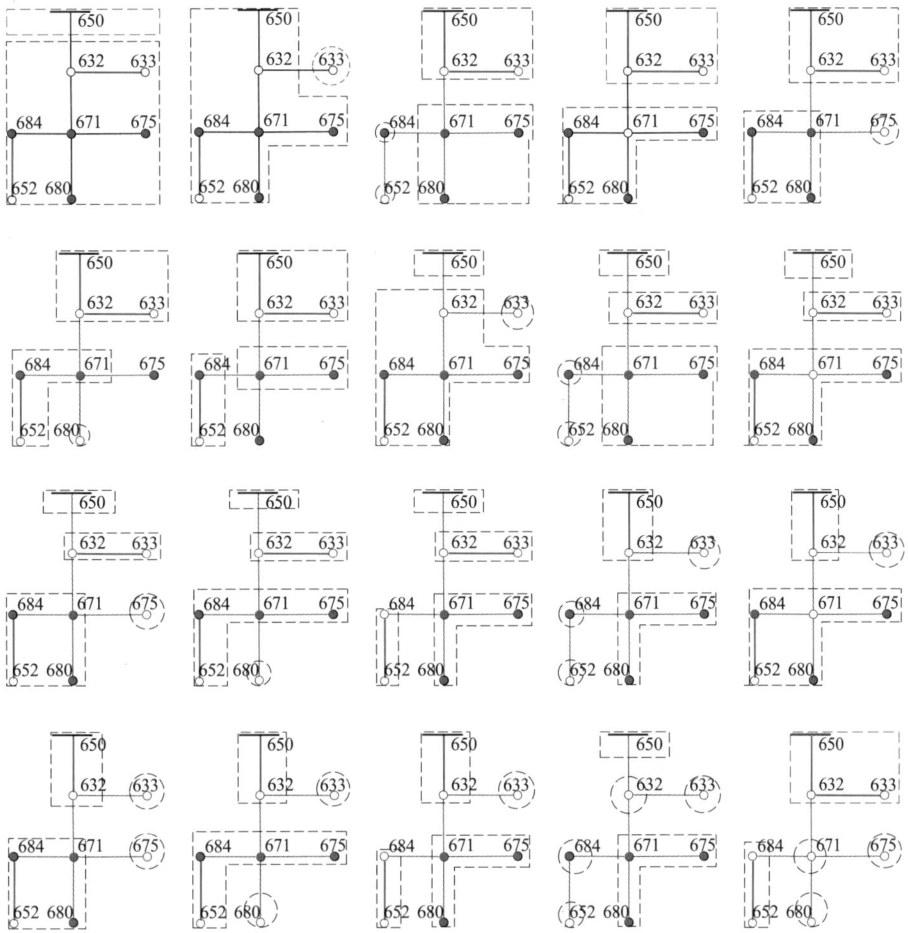

图 2－3　改进的 IEEE 13 节点配电系统可观测岛划分结果

（2）关键数据辨识和数值计算测试。采用 MC（*ii*）测试中采用的关键数据辨识方法，所提方法和传统方法量测正则化残差对比见表 2–2。可以看出，传统方法直接应用于配电网时存在较大的数值计算误差，根据正则化残差得到的候选关键量测组需要进一步根据量测相关系数确定；而所提方法得到的同一关键量测组内量测的正则化残差严格相等，无需进一步确认。例如：通过分析可知失去量测 *PQ*（*a*，652）或 *PQ*（*a*，684）时 A 相网络仍然可观测，但同时失去时网络将不可观测，因而两个量测应位于同一个关键量测组中，其正则化残差相等。由表 2–2 可见，应用传统方法得到的两个量测的正则化残差不相等，分别为 0.577 844 和 0.577 949，而应用所提方法得到的正则化残差均为 –2.886 751，数值精度更高。

表 2–2　　所提方法和传统方法量测正则化残差对比

A 相量测	传统方法	所提方法	B 相量测	传统方法	所提方法
P（*a*，650–632）	–0.994 686	–7.500 000	*P*（*b*，650–632）	–1.541 850	–17.281 975
P（*a*，671–684）	–0.577 865	2.886 751	*P*（*b*，671）	0.000 000	0.000 000
P（*a*，671）	0.000 000	0.000 000	*P*（*b*，675）	0.000 000	0.000 000
P（*a*，675）	0.000 000	0.000 000	*P*（*b*，901）	0.000 000	0.000 000
P（*a*，901）	0.000 000	0.000 000	*P*（*b*，632–645）	0.221 549	13.747 727
P（*a*，652）	0.577 844	–2.886 751	*P*（*b*，645）	0.958 466	–1.673 320
P（*a*，684）	0.577 949	–2.886 751	*P*（*b*，646）	0.958 565	–1.673 320
P（*a*，632–671）	1.000 077	7.500 000	*P*（*b*，632–671）	1.546 450	17.281 975
P（*a*，632）	1.000 077	7.500 000	*P*（*b*，632）	1.546 450	17.281 975
P（*a*，633）	1.000 159	7.500 000	*P*（*b*，633）	1.546 978	17.281 975
C 相量测	传统方法	所提方法	C 相量测	传统方法	所提方法
P（*c*，671–684）	–0.577 779	–2.309 401	*P*（*c*，650–632）	0.000 000	0.000 000
P（*c*，632–645）	–0.577 009	5.773 503	*P*（*c*，901）	0.000 000	0.000 000
P（*c*，633）	0.000 000	0.000 000	*P*（*c*，645）	0.577 212	–5.773 503
P（*c*，671）	0.000 000	0.000 000	*P*（*c*，646）	0.577 281	–5.773 503
P（*c*，675）	0.000 000	0.000 000	*P*（*c*，684）	0.577 841	2.309 401
P（*c*，632）	0.000 000	0.000 000	*P*（*c*，611）	0.577 970	2.309 401

2.4.2　CSG 67 节点配电系统

图 2－4 所示为改进的 CSG 67 节点配电系统。该系统含 3 条馈线 67 节点，其中，节点 1、21、41 为变电站节点，节点 91～95 分别为微电网、微型燃气轮机、风力发电机、光伏发电、储能节点，均处理为 *PQ* 节点。

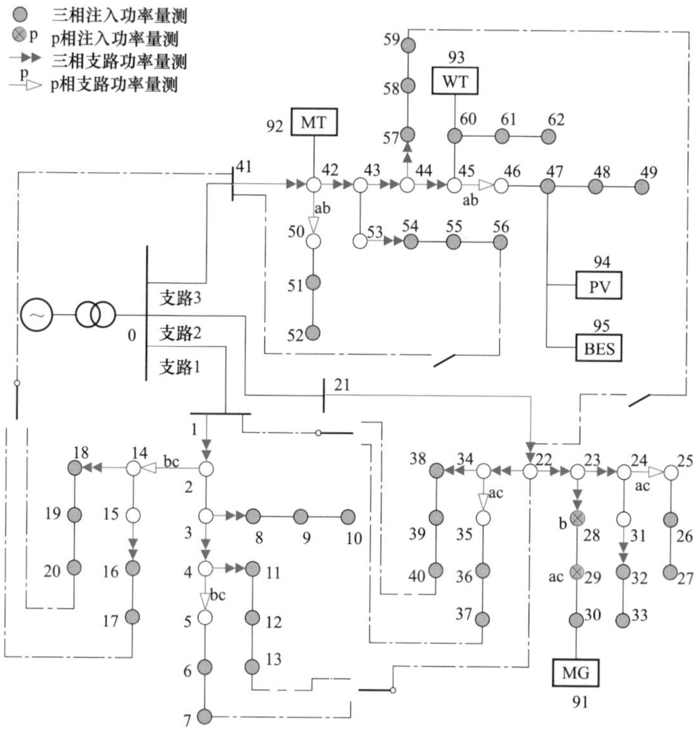

图 2－4　改进的 CSG 67 节点配电系统

（1）可观测性分析测试。图 2－4 中显示了网络初始量测配置 MC（*i*），网络中各相支路功率量测和节点注入功率量测数均为 43 和 26，各相量测冗余度均为 1.03。不可观测支路计算结果如表 2－3 所示，由表可见，尽管量测冗余度大于 1，在各相网络中仍然存在不可观测支路。

（2）关键数据辨识测试。在 10 个节点，即 3、5、14、15、25、31、35、46、50、53 节点补充注入功率量测，形成新的量测配置 MC（*ii*），下一步，在所有节点配置三相节点注入功率量测，形成量测配置 MC（*iii*），MC（*ii*）与 MC（*iii*）的关键量测和关键量测组如表 2－3 所示。

表 2-3　CSG 67 节点配电系统可观测性分析和关键数据辨识结果

A 相	B 相	C 相
MC（*i*）不可观测支路		
2-3，4-5，2-14，14-15，24-31，43-53	2-3，24-25，34-35，14-15，24-31，43-53	2-3，42-50，45-46，14-15，24-31，43-53
MC（*ii*）关键量测		
PQ（*a*，3，5，6，7，14，15，29，30，31，53，60，61，62，1-2，3-4，21-22，22-23，23-24，23-28，22-34，41-42，42-43，43-44，44-45，93，91，92）	*PQ*（*b*，3，25，26，27，29，30，31，35，36，37，53，60，61，62，1-2，3-4，21-22，22-23，23-24，23-28，22-34，41-42，42-43，43-44，44-45，91，92，93）	*PQ*（*c*，3，29，30，31，46，47，48，49，50，51，52，53，60，61，62，1-2，3-4，21-22，22-23，23-24，23-28，22-34，41-42，42-43，43-44，44-45，91，92，93，94，95）
MC（*ii*）关键量测组		
PQ（*a*，8，9，10） *PQ*（*a*，11，12，13） *PQ*（*a*，16，17） *PQ*（*a*，18，19，20） *PQ*（*a*，25，26，27） *PQ*（*a*，32，33） *PQ*（*a*，35，36，37） *PQ*（*a*，38，39，40） *PQ*（*a*，46，47，48，49，94，95） *PQ*（*a*，50，51，52） *PQ*（*a*，54，55，56） *PQ*（*a*，57，58，59）	*PQ*（*b*，5，6，7） *PQ*（*b*，8，9，10） *PQ*（*b*，11，12，13） *PQ*（*b*，14，15） *PQ*（*b*，16，17） *PQ*（*b*，18，19，20） *PQ*（*b*，32，33） *PQ*（*b*，38，39，40） *PQ*（*b*，46，47，48，49，94，95） *PQ*（*b*，50，51，52） *PQ*（*b*，57，58，59） *PQ*（*b*，54，55，56）	*PQ*（*c*，5，6，7） *PQ*（*c*，8，9，10） *PQ*（*c*，11，12，13） *PQ*（*c*，14，15） *PQ*（*c*，16，17） *PQ*（*c*，18，19，20） *PQ*（*c*，25，26，27） *PQ*（*c*，32，33） *PQ*（*c*，35，36，37） *PQ*（*c*，38，39，40） *PQ*（*c*，54，55，56） *PQ*（*c*，57，58，59）
MC（*iii*）关键量测		
—	—	—
MC（*iii*）关键量测组		
PQ（*a*，2，3，14，15） *PQ*（*a*，4，5，6，7） *PQ*（*a*，8，9，10） *PQ*（*a*，11，12，13） *PQ*（*a*，16，17） *PQ*（*a*，18，19，20） *PQ*（*a*，24，31） *PQ*（*a*，25，26，27） *PQ*（*a*，28，29，30，91） *PQ*（*a*，32，33） *PQ*（*a*，35，36，37） *PQ*（*a*，38，39，40） *PQ*（*a*，42，92） *PQ*（*a*，43，53） *PQ*（*a*，46，47，48，49，94，95） *PQ*（*a*，50，51，52） *PQ*（*a*，54，55，56） *PQ*（*a*，57，58，59） *PQ*（*a*，45，60，61，62，93）	*PQ*（*b*，2，3） *PQ*（*b*，5，6，7） *PQ*（*b*，8，9，10） *PQ*（*b*，11，12，13） *PQ*（*b*，14，15） *PQ*（*b*，16，17） *PQ*（*b*，18，19，20） *PQ*（*b*，24，25，26，27，31） *PQ*（*b*，28，29，30，91） *PQ*（*b*，32，33） *PQ*（*b*，34，35，36，37） *PQ*（*b*，38，39，40） *PQ*（*b*，42，92） *PQ*（*b*，43，53） *PQ*（*b*，46，47，48，49，94，95） *PQ*（*b*，50，51，52） *PQ*（*b*，54，55，56） *PQ*（*b*，57，58，59） *PQ*（*b*，45，60，61，62，93）	*PQ*（*c*，2，3） *PQ*（*c*，5，6，7） *PQ*（*c*，8，9，10） *PQ*（*c*，11，12，13） *PQ*（*c*，14，15） *PQ*（*c*，16，17） *PQ*（*c*，18，19，20） *PQ*（*c*，24，31） *PQ*（*c*，25，26，27） *PQ*（*c*，28，29，30，91） *PQ*（*c*，32，33） *PQ*（*c*，35，36，37） *PQ*（*c*，38，39，40） *PQ*（*c*，42，50，51，52，92） *PQ*（*c*，43，53） *PQ*（*c*，54，55，56） *PQ*（*c*，57，58，59） *PQ*（*c*，45，46，47，48，49，60，61，62，93，94，95）

（3）计算性能测试。将 1～6 个 CSG 67 节点算例系统并列，形成 67、134、201、268、335、402 节点的不同规模算例系统，以对所提可观测性分析和关键数据辨识方法计算性能进行测试。测试环境为安装了 64 位 Linux 系统和 Core 2 Duo 3.0 GHz 处理器、2 GB RAM 的台式机，不同规模配电系统可观测性分析和关键数据辨识计算时间如表 2–4 所示。可知，*PQ* 耦合方法计算时间随系统规模增大呈指数增长，而 *PQ* 解耦方法计算用时远小于 *PQ* 耦合方法。此外，由于需要额外计算量测正则化残差，关键数据辨识用时多于可观测性分析。

需要注意，对于三相不平衡的配电系统，其量测分相配置，因此需要对三相网络分别进行计算，表 2–4 中列出的时间均为三相计算总用时，因此所提方法计算时间非常快，满足实时应用的要求。

表 2–4　不同规模配电系统可观测性分析和关键数据辨识计算时间

方法		不同规模算例系统执行时间（s）					
		67	134	201	268	335	402
可观测性分析	*PQ* 耦合方法	0.08	0.46	1.52	3.78	6.67	11.94
	PQ 解耦方法	0.02	0.12	0.31	0.62	1.10	1.90
关键数据辨识	*PQ* 耦合方法	2.53	20.13	71.81	223.57	403.96	890.74
	PQ 解耦方法	0.13	0.91	2.96	8.40	17.09	28.74

2.4.3　改进的 IEEE 123 节点配电系统

（1）可观测性分析测试。改进的 IEEE 123 节点配电系统如图 2–5 所示，在支路 150–1、13–18、13–52、18–35、60–67 配置三相功率量测。节点注入功率中，*PQ*（*a*，9，10，11，88，94）、*PQ*（*b*，38，43，59，96，107）、*PQ*（*c*，31，32，75，84，85）为未知，其他注入功率均为已知。可观测性分析用时 0.08s，改进的 IEEE 123 节点配电系统可观测性分析和关键数据辨识结果如表 2–5 所示。

（2）关键数据辨识测试。采用 Korres GN 等提出的量测配置算法，配置节点注入功率量测 *PQ*（*a*，9，11，88）、*PQ*（*b*，38，96）、*PQ*（*c*，32，75，84），恢复网络可观测，形成量测配置方案 MC（*ii*），关键量测计算结果显示不存在关键量测组。

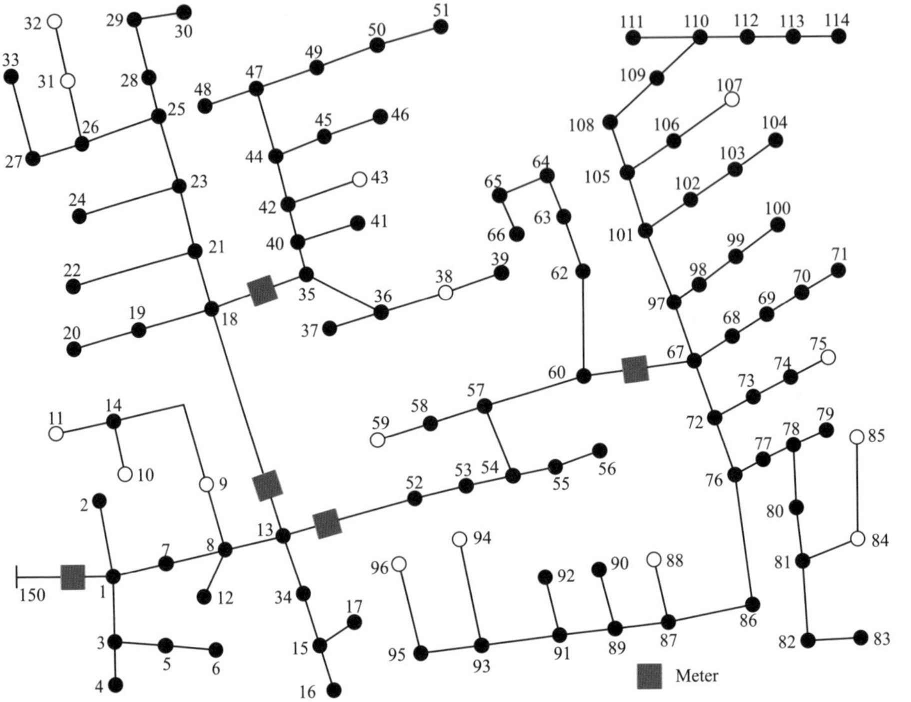

图 2-5　改进的 IEEE 123 节点配电系统

进一步，在 MC（*ii*）的基础上，在所有节点配置三相注入功率量测，形成量测配置方案 MC（*iii*）。关键数据辨识用时 0.7s，计算结果显示不存在关键量测，关键量测组计算结果如表 2-5 所示。由表可见，关键量测组中没有支路功率量测，这是由于存在充足的节点注入功率量测，在这种情况下，任何节点注入功率量测丢失，该丢失节点注入功率量测值都可由馈线出口支路功率减去所有其他节点注入功率量测得到，而不会导致其他量测变为关键量测。

表 2-5　　改进的 IEEE 123 节点配电系统可观测性分析和关键数据辨识结果

A 相	B 相	C 相
MC（*i*）不可观测支路		
9-14，14-11，14-10，87-88，87-89，89-91，91-93，93-94	35-40，35-36，36-38，40-42，42-43，67-72，67-97，72-76，76-86，86-87，87-89，89-91，91-93，93-95，95-96，97-101，101-105，105-106，106-107	31-32，72-73，72-76，73-74，74-75，76-77，77-78，78-80，80-81，81-84，84-85

续表

A 相	B 相	C 相
MC（*ii*）关键量测		
PQ（*a*，1，7，9，11，68，69，70，71，76，77，79，80，82，83，86，87，88，95，98，99，100，110，108，109，111，112，113，114，8，13，14，67，72，78，81，89，91，93，97，101，105，150－1）	*PQ*（*b*，35，38，39，42，47，48，49，50，51，52，53，55，56，58，60，62，63，64，65，66，76，77，79，80，82，83，86，87，90，95，96，98，99，100，106，108，36，40，44，54，57，67，72，78，81，89，91，93，97，101，105，60－67）	*PQ*（*c*，24，27，28，29，30，32，73，74，75，76，77，79，80，82，83，84，86，87，92，95，98，99，100，102，103，104，108，18，21，23，25，26，67，72，78，81，89，91，93，97，101，105）
MC（*iii*）关键量测组		
PQ（*a*，44，42，51，50，48，49，40，35，45，36，37，46，47） *PQ*（*a*，7，13，8，1，9，10，11，14， *PQ*（*a*，19，20，33，23，27，26，28，25，29，18，30，21） *PQ*（*a*，63，53，54，57，64，66，65，52，55，56，62，60） *PQ*（*a*，110，97，109，77，108，69，112，76，113，70，89，105，114，111，81，72，78，68，67，91，79，71，100，99，95，80，98，83，82，93，88，87，94，86，101）	*PQ*（*b*，42，38，39，44，43，35，48，47，51，50，40，36，49） *PQ*（*b*，7，13，2，12，1，8） *PQ*（*b*，30，22，25，23，29，18，21，28） *PQ*（*b*，64，62，56，53，52，55，58，59，65，57，63，54，66，60） *PQ*（*b*，98，97，81，80，67，100，106，91，90，78，105，79，72，83，82，93，76，108，95，99，86，96，107，89，77，101，87）	*PQ*（*c*，49，41，48，51，42，40，44，50，47，35） *PQ*（*c*，5，6，4，3，17，8，15，1，16，34，7，13） *PQ*（*c*，18，28，26，29，21，27，30，31，32，24，25，23） *PQ*（*c*，60，57，56，64，65，62，63，53，55，66，52，54） *PQ*（*c*，86，72，97，81，67，80，89，102，75，77，108，98，73，103，74，104，85，105，84，79，76，95，92，100，91，82，99，83，93，78，87，101）

第3章

基于 AMI 量测近邻回归的三相配电网拓扑辨识

准确可靠的网络拓扑结构是电力系统分析计算的基础。在配电网，尤其是低压配电网，分布式电源、新用户、即插即用设备的无序接入、网络扩展与改建等导致配电网拓扑变化频繁、缺乏维护，为故障及时处理带来极大困难，严重降低了配电网运维效率。因此，研究复杂配电网拓扑辨识，有效应对分布式电源、用户的大量接入，具有重要意义。本章提出了一种基于高级量测体系（advanced metering infrastructure，AMI）量测近邻回归的三相不平衡配电网拓扑辨识方法。AMI 是建设智能配电网重要的硬件基础，可全面提高配电网的自动化水平。在智能配电网中，将 AMI 这种新型量测系统与拓扑辨识相结合，从而提高状态估计的性能。首先，将所有节点相邻时刻电压幅值之差视作高斯随机变量，采用近邻回归算法估计各随机变量组成的 GMRF 的精度矩阵；其次，基于 GMRF 估计精度矩阵的稀疏结构辨识 GMRF 对应的三相配电网拓扑；最后，对可疑线路两端节点随机变量进行条件独立性检验。通过 IEEE 标准配电网算例验证了所提方法的有效性。

3.1 概率图模型估计

3.1.1 高斯马尔可夫随机场

概率图模型是一种表示大量随机变量之间复杂联系的工具，其中，有向概率图模型称为贝叶斯网络，无向概率图模型称为随机场，具有马尔可夫性的概率图模型称为马尔可夫随机场（markov random field，MRF）。高斯马尔可夫随机场（gaussian markov random field，GMRF）是所有随机变量服从多元正态分布的 MRF。令 GMRF 对应无向图 $G=(V, E)$，随机变量（X_1，X_2，⋯，X_p）分别对应 G 的顶点集合 V，且 $\boldsymbol{X}\sim N(0, \boldsymbol{\Sigma})$。精度矩阵 $\Omega=\boldsymbol{\Sigma}^{-1}$，可表示 G 的结构，其中若边（i，j）$\notin E$，则 $\Omega_{ij}=0$，此时称随机变量 X_i 与 X_j 具有条件独立性

$$X_i \perp X_j \mid \boldsymbol{X}_{\setminus\{i,j\}} \tag{3-1}$$

可见，精度矩阵的稀疏模式能刻画概率图模型的结构。因此，概率图模型结构的估计可等价于稀疏精度矩阵的估计。理论上，可直接对所有成对的随机变量进行条件独立性检验，从而得到网络拓扑，然而当维数较大时，该方法面临组合爆炸问题。

3.1.2　对数行列式散度

多元正态分布的精度矩阵估计问题可转化为对数行列式散度（log－determinant divergence，LDD）最小化问题。LDD 是一种 Bregman 散度，可用于衡量两个 $d\times d$ 矩阵之间的“接近度”

$$D_{\mathrm{ld}}(\boldsymbol{X},\boldsymbol{Y})=\mathrm{tr}\,(\boldsymbol{X}\boldsymbol{Y}^{-1})-\log_2\det\,(\boldsymbol{X}\boldsymbol{Y}^{-1})-d \tag{3-2}$$

式中　$D_{\mathrm{ld}}(\bullet)$——两个 $d\times d$ 矩阵之间的 LDD 函数；

　　$\mathrm{tr}(\bullet)$——矩阵的迹。

LDD 可通过多元正态分布的极大似然函数推导。假设某 GMRF 的样本 $\boldsymbol{x}_1$，$\boldsymbol{x}_2$，⋯，$\boldsymbol{x}_m$ 来自如下多元正态分布

$$p(\boldsymbol{x}\mid\boldsymbol{\mu},\boldsymbol{\Sigma})=\frac{1}{(2\pi)^{d/2}(\det\boldsymbol{\Sigma})^{1/2}}\exp\left(-\frac{1}{2}(\boldsymbol{x}-\boldsymbol{\mu})^{\mathrm{T}}\boldsymbol{\Sigma}^{-1}(\boldsymbol{x}-\boldsymbol{\mu})\right) \tag{3-3}$$

对数似然函数为

$$\begin{aligned}L(\boldsymbol{\mu},\boldsymbol{\Sigma})&=\prod_{i=1}^{m}p(\boldsymbol{x}_i\mid\boldsymbol{\mu},\boldsymbol{\Sigma})\\&\propto\exp\left\{-\frac{m}{2}\left(D_{\mathrm{ld}}(\boldsymbol{\Sigma}^{-1},\bar{\boldsymbol{S}}^{-1})+(\bar{\boldsymbol{\mu}}-\boldsymbol{\mu})^{\mathrm{T}}\boldsymbol{\Sigma}^{-1}(\bar{\boldsymbol{\mu}}-\boldsymbol{\mu})\right)\right\}\end{aligned} \tag{3-4}$$

其中，随机变量的样本均值和经验协方差矩阵为

$$\bar{\boldsymbol{\mu}}=\frac{1}{m}\sum_{i=1}^{m}\boldsymbol{x}_i,\bar{\boldsymbol{S}}=\frac{1}{m}\sum_{i=1}^{m}(\boldsymbol{x}_i-\bar{\boldsymbol{\mu}})(\boldsymbol{x}_i-\bar{\boldsymbol{\mu}})^{\mathrm{T}} \tag{3-5}$$

若已知期望真值为零，则对数似然函数变为

$$L(\boldsymbol{\mu},\boldsymbol{\Sigma}) \propto \exp\left\{-\frac{m}{2}(D_{\mathrm{ld}}(\boldsymbol{\Sigma}^{-1},\overline{\boldsymbol{S}}^{-1})+\overline{\boldsymbol{\mu}}^{\mathrm{T}}\boldsymbol{\Sigma}^{-1}\overline{\boldsymbol{\mu}})\right\} \tag{3-6}$$

由此可得 GRMF 精度矩阵的极大似然估计模型

$$\hat{\boldsymbol{\Sigma}}^{-1}=\hat{\Omega}=\underset{\Omega\in S_{+}^{d}}{\arg\min}\, D_{\mathrm{ld}}(\Omega,\overline{\boldsymbol{S}}^{-1}) \tag{3-7}$$

式中　S_{+}^{d}——所有 d 维对称正定矩阵集合。

3.2　基于近邻回归的三相配电网拓扑辨识

3.2.1　数学模型

电力系统分析与计算一般采用节点电压作为状态变量，由于大量随机负荷聚合后对各节点电压产生综合影响，通常可假设节点电压服从多元正态分布。然而电力系统运行状态是时刻发生变化的，即状态变量真值是时变的，因此其均值和协方差矩阵也是时变的，无法假设来自多个时刻的电压幅值量测来自同一个分布。

若以固定时限（如 15min）采集多个时刻的电压幅值量测后，将相邻时刻的电压幅值量测作差，则得到的电压幅值差随机变量（random variable of voltage magnitude difference，RVOVMD）样本数据可假设近似服从多元正态分布，即

$$\Delta|\boldsymbol{V}|_{t}=|\boldsymbol{V}|_{t}-|\boldsymbol{V}|_{t-1}\sim N(0,\boldsymbol{\Sigma}) \tag{3-8}$$

式中　N——多元正态分布。

在此基础上，Li K 等证明了在节点注入电流相互独立的假设下，若给定除 i 的所有邻居节点 RVOVMD，则 i 节点与所有其他非邻居节点的 RVOVMD 存在如下条件独立性质

$$\Delta|V|_{i}\perp\Delta|\boldsymbol{V}|_{\backslash i,ne_{i}}\,\Big|\,\Delta|\boldsymbol{V}|_{ne_{i}} \tag{3-9}$$

式中　ne_{i}——节点 i 的邻居节点。

因此，电力网络拓扑辨识问题可转化为所有节点 RVOVMD 组成的 GMRF 估计问题，通过估计 GMRF 精度矩阵的结构来辨识对应的电力物理网络拓扑。

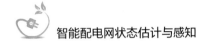

在大样本情况下，若样本协方差矩阵非奇异，则可直接进行求逆获取精度矩阵，无需求解模型。然而直接求逆或求解模型得到的精度矩阵并非稀疏矩阵，无法据此辨识电力物理网络拓扑。因此，可建立含 L1 范数惩罚项的精度矩阵极大似然估计模型

$$\hat{\Omega} = \arg\min_{\Omega \in S_+^d} \mathrm{tr}(S\Omega) - \log_2 \det \Omega + \lambda \|\Omega\|_1 \tag{3-10}$$

式中　Ω——精度矩阵；

S——样本协方差矩阵；

λ——正则化参数；

$\mathrm{tr}(\bullet)$——矩阵的迹；

S_+^d——所有 n 维对称正定矩阵集合。

3.2.2　模型求解

精度矩阵估计模型可用多元回归的方法，对任何一个给定的变量，求解其他少量对该给定变量线性表示的系数，即图 Lasso（graphical lasso，GLASSO）方法。该方法的基本思路是：对每个随机变量采用坐标下降法求解 Lasso 模型，估计其高斯图模型中的近邻。

若给定多元正态分布 $\boldsymbol{X}$ 的 n 个独立同分布样本，可得到如下 $n \times p$ 维的样本矩阵 $\boldsymbol{Z}$

$$\boldsymbol{Z} = \begin{bmatrix} z_{11} & \cdots & z_{1p} \\ \vdots & \ddots & \vdots \\ z_{n1} & \cdots & z_{np} \end{bmatrix} \tag{3-11}$$

其样本协方差矩阵 $\boldsymbol{S}$ 与协方差矩阵估计值 $\boldsymbol{W}$ 分别为

$$\boldsymbol{S} = \begin{bmatrix} s_{11} & \cdots & s_{1p} \\ \vdots & \ddots & \vdots \\ s_{n1} & \cdots & s_{np} \end{bmatrix}, \boldsymbol{W} = \begin{bmatrix} w_{11} & \cdots & w_{1p} \\ \vdots & \ddots & \vdots \\ w_{n1} & \cdots & w_{np} \end{bmatrix} \tag{3-12}$$

设 $\boldsymbol{A}_{-i}$ 表示 $\boldsymbol{A}$ 除去第 i 列的子矩阵，$\boldsymbol{a}_j$ 为 $\boldsymbol{A}$ 的第 j 列，即

$$\boldsymbol{A}_{-i} = \begin{bmatrix} a_{11} & \cdots & a_{1,i-1} & a_{1,i+1} & \cdots & a_{1p} \\ \vdots & \ddots & \vdots & \vdots & \ddots & \vdots \\ a_{n1} & \cdots & a_{n,i-1} & a_{n,i+1} & \cdots & a_{np} \end{bmatrix}, \boldsymbol{a}_j = \begin{bmatrix} a_{j1} \\ \vdots \\ a_{jn} \end{bmatrix} \tag{3-13}$$

则 GMRF 中某节点 j 的近邻可通过 Lasso 回归模型迭代求解得到

$$\hat{\boldsymbol{\beta}} = \min_{\boldsymbol{\beta}} \frac{1}{2}\left|\boldsymbol{W}_{-j}\boldsymbol{\beta} - \boldsymbol{b}\right|^2 + \lambda\left|\boldsymbol{\beta}\right|_1, \boldsymbol{b} = \boldsymbol{W}_{-j}\boldsymbol{s}_j \tag{3-14}$$

解得回归系数后，$\boldsymbol{W}$ 矩阵可根据下式更新

$$\hat{\boldsymbol{w}}_j = \boldsymbol{W}_{-j}\hat{\boldsymbol{\beta}} \tag{3-15}$$

式中　β——回归系数。

解得估计协方差矩阵后，对其求逆即可得到估计精度矩阵，进而可通过估计精度矩阵的稀疏结构辨识 GMRF 和对应的电力物理网络拓扑。

3.2.3 可疑线路检验

由于量测随机误差及多元正态分布近似影响，根据 GLASSO 方法得到的网络拓扑可能存在误差，对于其中的少数可疑线路，可进一步对其两端点 RVOVMD 进行条件独立性检验，推断是否存在连接关系。两个随机变量的条件独立性检验可采取多种方式，例如：

（1）基于线性相关系数，计算公式如下

$$\rho_{ij} = \frac{\sum_{t=1}^{T}(\Delta|V|_{i,t} - \Delta|\bar{V}|_i)(\Delta|V|_{j,t} - \Delta|\bar{V}|_j)}{\sqrt{\sum_{t=1}^{T}(\Delta|V|_{i,t} - \Delta|\bar{V}|_i)^2 \sum_{t=1}^{T}(\Delta|V|_{j,t} - \Delta|\bar{V}|_j)^2}} \tag{3-16}$$

（2）基于互信息，计算公式如下

$$MI(\Delta|V|_i, \Delta|V|_j \left|\Delta|\boldsymbol{V}|_{\backslash i,j}\right.) = -\frac{1}{2}\log_2(1 - \rho^2_{\Delta|V|_i,\Delta|V|_j|\Delta|\boldsymbol{V}|_{\backslash i,j}}) \tag{3-17}$$

式中　ρ——偏相关系数。

3.3 算 例 分 析

采用 IEEE 13 节点三相不平衡配电网进行测试，如图 3－1 所示。假设所有负荷均为恒功率负荷，并删除与 633 相连的低压母线 634 及配电变压器、671－675 间的调压器。650 为已知的变电站根节点，图中阴影部分为需要估计的拓扑结构。

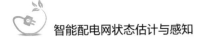

使用各节点电压幅值量测进行拓扑辨识，数据来自 Baran M E 的研究中，假设采集间隔为 15min，三天共计 288 个断面量测。基于 288 个断面负荷，采用配电网仿真工具 OpenDSS 执行三相潮流计算生成电压幅值量测真值，在量测真值基础上设置 3%相对误差，所有母线各相电压真值和量测值曲线如图 3－2 和图 3－3 所示。考虑到通信中断、量测不同步等因素，设置的量测误差大于 IEC 量测误差等级 0.1、0.2、0.5。

对各节点 RVOVMD 进行正态性检验，各节点 RVOVMD 频率直方图与经验累积概率分布如图 3－4 和图 3－5 所示，可见各节点 RVOVMD 均近似服从正态分布。

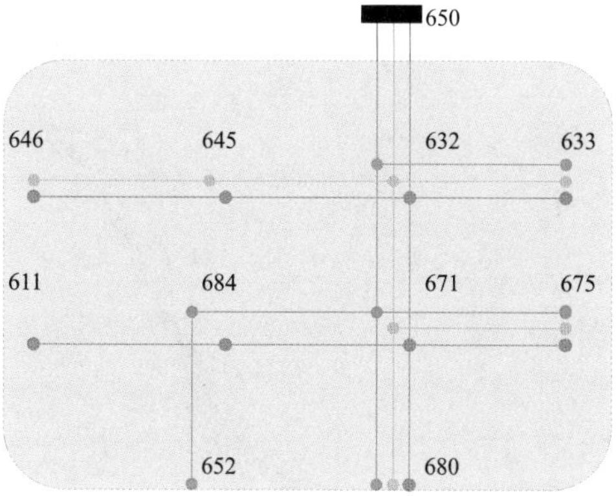

图 3－1　IEEE 13 节点配电网单线图

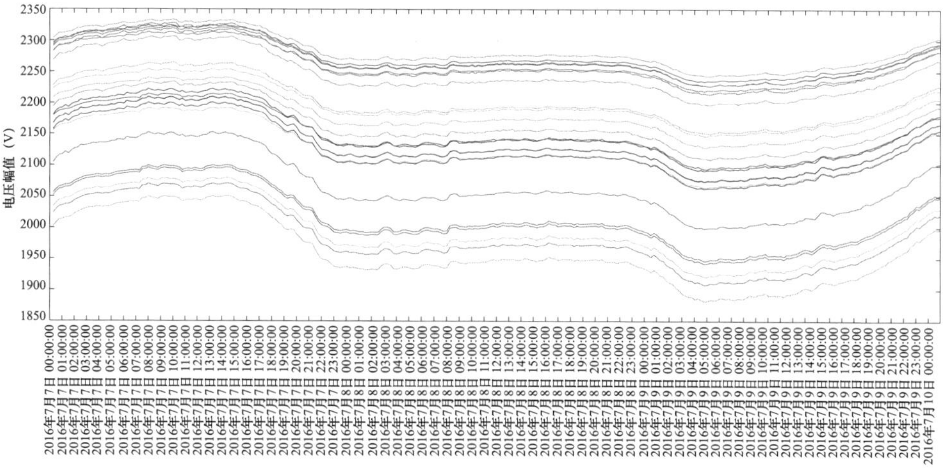

图 3－2　各节点 288 个时刻的电压幅值真值曲线

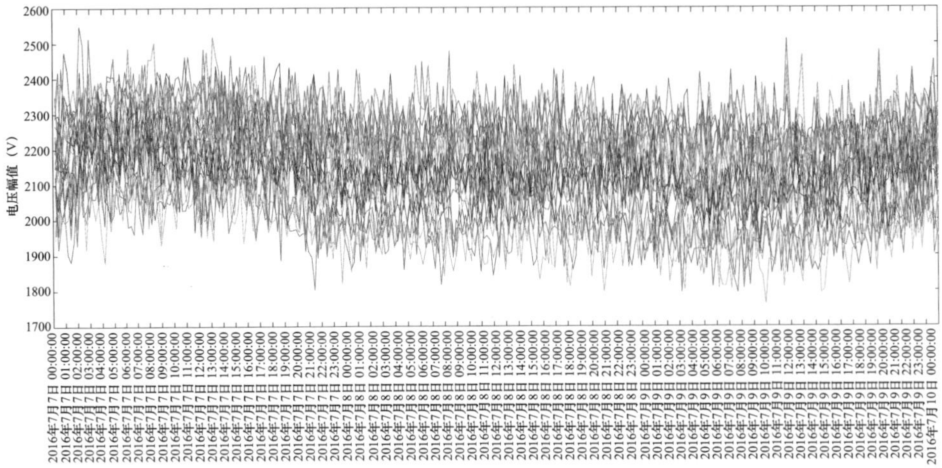

图 3-3　各节点 288 个时刻的电压幅值量测曲线

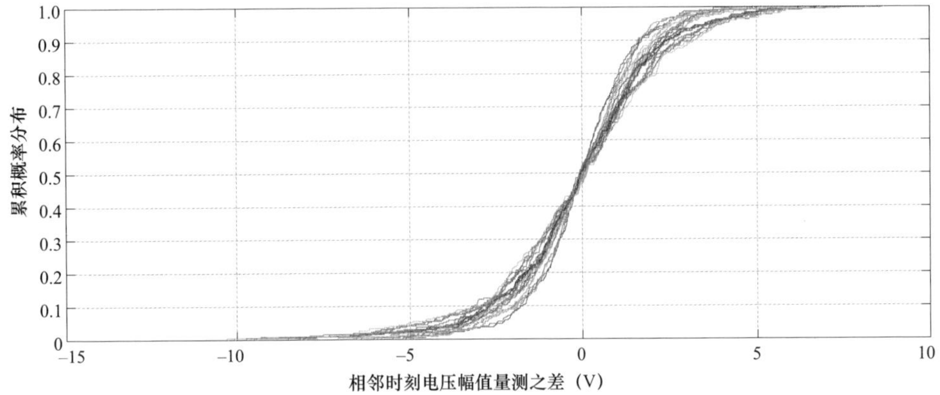

图 3-4　各节点 RVOVMD 的频率直方图

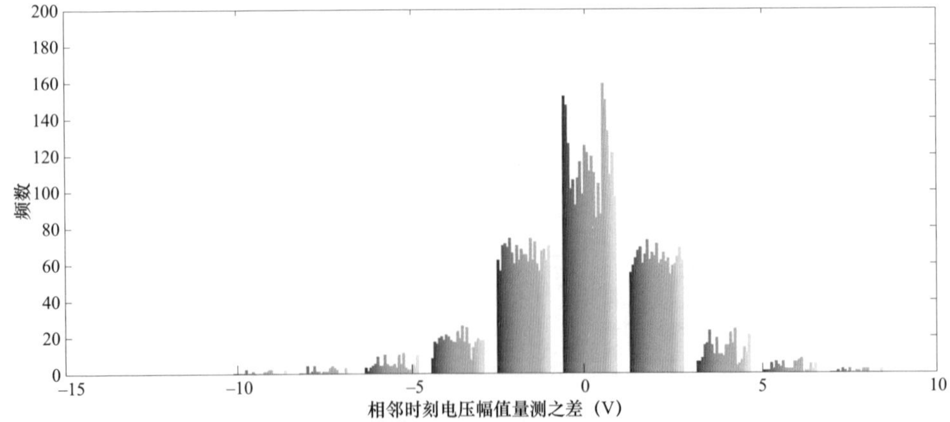

图 3-5　各节点 RVOVMD 的经验累积概率分布

正则化参数设置为 0.001，采用所提方法估计出的三相 23 个节点连接关系如图 3－6 所示，图中蓝色、红色分别为负数、正数，颜色深浅代表绝对值大小，母线编号后的 1、2、3 分别对应 A、B、C 三相节点。与图 3－1 中真实拓扑相对比可知，所提近邻回归法可准确辨识三相网络拓扑结构。

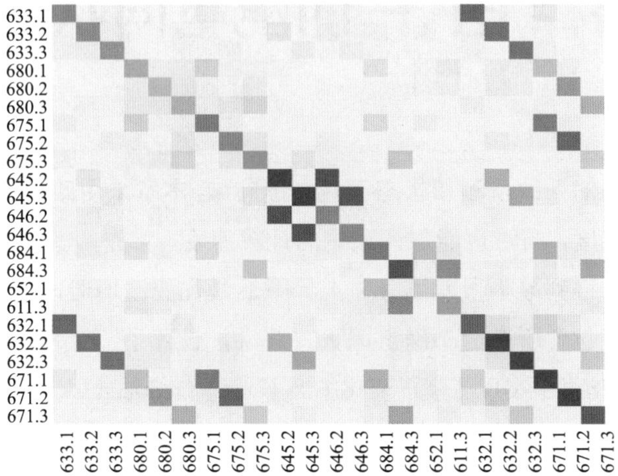

图 3－6　三相网络拓扑估计结果（近邻回归法）

图 3－7 给出了对各节点 RVOVMD 样本协方差矩阵直接求逆得到的精度矩阵，可见直接求逆无法得到稀疏的精度矩阵，即使移除非对角为正的元素，仍然存在较多绝对值较大的负对角元素，无法准确辨识出三相网络结构。

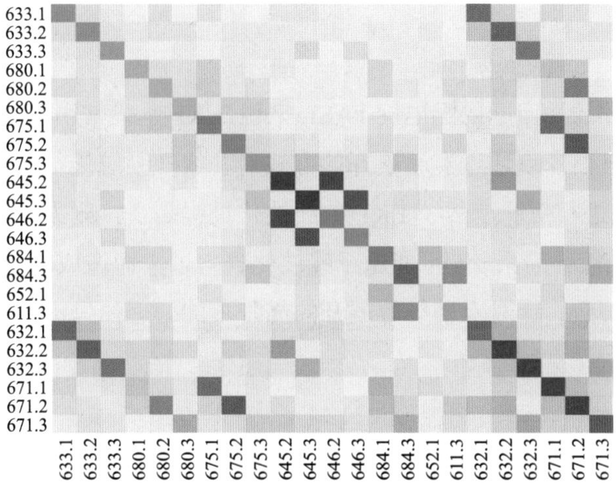

图 3－7　三相网络拓扑估计结果（直接求逆）

第4章

基于鲁棒 EKF 的配电网状态估计

由于配电网的系统量测和状态都是高维向量，本章采用改进的 EKF 算法来提高状态估计精度，同时也能保证系统的计算速度。首先，建立 EKF 的无偏框架，进一步推导得到最小误差协方差上界下的最优滤波增益，从而保证所设计出来的滤波器能包含所有的不确定因素。其次，设计了一个考虑线性化误差的鲁棒滤波器。在仿真中实现了基于简化扩展卡尔曼（reduced EKF，REKF）和 EKF 滤波器的配电网辅助状态估计（forecasting-aided state estimation，FASE）算法分析。仿真结果中表明 REKF 在估计性能上要优于传统的 EKF，并且通过上界分析可知 REKF 能够包含未知的线性化误差，从而验证了所提出滤波算法的有效性和实用性。

4.1 主 要 引 理

对于含有非线性问题的配电网 FASE 来说，EKF 是最常用的滤波算法。EKF 的基本思想是在估计点通过泰勒展开的方式对非线性系统进行线性化，再利用 KF 对线性系统进行估计，传统 EKF 的线性化过程是直接删去泰勒级数的高阶项，对于非线性较强的系统，可能由于线性化误差过大而造成较劣的估计性能，甚至导致滤波发散。针对泰勒级数展开的高阶项的处理，提出了非线性函数的线性化方法：

引理 4－1　设 $g(x):\mathbb{R}^N\to\mathbb{R}^M$ 为多维非线性函数，并且维数相同的向量 x，x_0 和 J 满足 $|x-x_0|\leqslant J$，如果存在矩阵 $\mathcal{A}$ 满足不等式

$$A(\theta)^{\mathrm{T}}A(\theta)\leqslant \boldsymbol{\mathcal{A}}^{\mathrm{T}}\boldsymbol{\mathcal{A}} \tag{4-1}$$

其中 $A(\theta)=\mathrm{col}_M\{A_m(\theta_m)\}$；$\theta_m\in[0,1]$；$A_m(\theta_m)=(\partial^2 g_m(x)/\partial x^2)\,|\,\{x=\theta_m x_0+(1-\theta_m)x\}$

式中　M，N——维度；

$g_m(x)$——$g(x)$ 的第 m 个分量。

则有如下非线性方程的线性表达式

$$g(x)=g(x_0)+[(\partial g(x)/\partial x)\,|\,\{x=x_0\}+0.5\mathcal{H}\Delta\mathcal{A}](x-x_0) \tag{4-2}$$

其中

$$\mathcal{H}=I_M\otimes J^{\mathrm{T}}$$

式中　$\boldsymbol{\Delta}$——不确定矩阵，并且满足 $\Delta\boldsymbol{\Delta}^{\mathrm{T}}\leqslant \boldsymbol{I}_{NM}$；

$\boldsymbol{I}_{NM}$——$N\times M$ 的单位矩阵。

引理 4－1 证明　首先对 $g(x)$ 在 x_0 处做泰勒级数展开得

$$g(x)=g(x_0)+\{(\partial g(x)/\partial x)\,|\,\{x=x_0\}+0.5[I_M\otimes(x-x_0)^{\mathrm{T}}]A(\theta)\}(x-x_0) \tag{4-3}$$

由条件式（4－1）可得

$$A(\theta)=\boldsymbol{\Delta}_1 A$$

其中 $\boldsymbol{\Delta}_1$ 为一个未知时变矩阵，并且满足 $\boldsymbol{\Delta}_1^{\mathrm{T}}\boldsymbol{\Delta}_1\leqslant I_{NM}$。

另外，从 $|x-x_0|\leqslant J$ 中可以得到 $(x-x_0)^{\mathrm{T}}(x-x_0)\leqslant J^{\mathrm{T}}J$，则存在一个未知矩阵 $\boldsymbol{\aleph}$ 满足 $\boldsymbol{\aleph}^{\mathrm{T}}\leqslant I_N$，使得 $x-x_0=\boldsymbol{\aleph}^{\mathrm{T}}J$。

上式中的 $I_M\otimes(x-x_0)^{\mathrm{T}}$ 可以写为 $H\boldsymbol{\Delta}_2$，其中 $\boldsymbol{\Delta}_2=\boldsymbol{I}_M\otimes\boldsymbol{\aleph}$，并满足 $\boldsymbol{\Delta}_2^{\mathrm{T}}\boldsymbol{\Delta}_2\leqslant \boldsymbol{I}_{NM}$。

因此，$[I_M\otimes(x-x_0)^{\mathrm{T}}]A(\theta)=H\Delta A$，其中 $\boldsymbol{\Delta}=\boldsymbol{\Delta}_2\boldsymbol{\Delta}_1$，满足 $\Delta\boldsymbol{\Delta}^{\mathrm{T}}\leqslant \boldsymbol{I}_{NM}$，证毕。

引理 4－2　考虑引理 4－1 中的非线性函数 $g(x)$ 的线性化公式（4－2），可以得到 $g_m(x)$ 的上界 $g_m^{\mathrm{upper}}(x)$ 和下界 $g_m^{\mathrm{lower}}(x)$，即

$$g_m^{\mathrm{upper}}(x)\leqslant g_m(x)\leqslant g_m^{\mathrm{lower}}(x) \tag{4-4}$$

其中

$$g_m^{\mathrm{upper}}(x)=\max\{g_{b1,m}(x),g_{b2,m}(x)\},\ g_m^{\mathrm{lower}}(x)=\min\{g_{b1,m}(x),g_{b2,m}(x)\} \tag{4-5}$$

$$g_{b1,m}(x)=\eta_m\{g(x_0)+[(\partial g(x)/\partial x)\,|\,\{x=x_0\}-0.5\mathcal{H}\mathcal{A}](x-x_0)\} \tag{4-6}$$

$$g_{b2,m}(x)=\eta_m\{g(x_0)+[(\partial g(x)/\partial x)\,|\,\{x=x_0\}+0.5\mathcal{H}\mathcal{A}](x-x_0)\} \tag{4-7}$$

$$\eta_m = [\underbrace{0,\cdots,0}_{m-1},1,\underbrace{0,\cdots,0}_{M-m}]^{\mathrm{T}} \tag{4-8}$$

引理4-2证明　由于不确定矩阵$\boldsymbol{\Delta}$满足$\Delta\boldsymbol{\Delta}^{\mathrm{T}} \leqslant I_{NM}$，则得到如下不等式

$$\begin{aligned}[\eta_m \mathcal{H}\Delta\mathcal{A}(x-x_0)]^2 &= \eta_m \mathcal{H}\Delta\mathcal{A}(x-x_0)(x-x_0)^{\mathrm{T}}\mathcal{A}^{\mathrm{T}}\Delta^{\mathrm{T}}\mathcal{H}^{\mathrm{T}}\eta_m^{\mathrm{T}} \\ &\leqslant \eta_m \mathcal{H}\mathcal{A}(x-x_0)(x-x_0)^{\mathrm{T}}\mathcal{A}^{\mathrm{T}}\mathcal{H}^{\mathrm{T}}\eta_m^{\mathrm{T}} \\ &= [\eta_m \mathcal{H}\mathcal{A}(x-x_0)]^2\end{aligned} \tag{4-9}$$

于是得到$-|\eta_m \mathcal{H}\mathcal{A}(x-x_0)| \leqslant \eta_m \mathcal{H}\Delta\mathcal{A}(x-x_0) \leqslant |\eta_m \mathcal{H}\mathcal{A}(x-x_0)|$，即

$$\begin{aligned}&\min\{-\eta_m \mathcal{H}\mathcal{A}(x-x_0), \eta_m \mathcal{H}\mathcal{A}(x-x_0)\} \leqslant \eta_m \mathcal{H}\Delta\mathcal{A}(x-x_0) \\ &\leqslant \max\{-\eta_m \mathcal{H}\mathcal{A}(x-x_0), \eta_m \mathcal{H}\mathcal{A}(x-x_0)\}\end{aligned} \tag{4-10}$$

因此根据式（4-5）～式（4-10）可以得到结论式（4-4），证毕。

传统线性化方法描述的值与实际值存在着一定的误差，虽然实际值$g_m(x)$难以确定型的线性形式描述，但引理4-2却找到了非线性函数$g_m(x)$确定型线性表示的上下界，也可以理解为泰勒级数线性化的误差上下界，这将有利于非线性系统控制器或估计器的鲁棒性设计。

接下来将介绍其他引理和命题，将使用于鲁棒滤波器的推导。

引理4-3　针对适维矩阵$\boldsymbol{A}$，$\boldsymbol{H}$，$\boldsymbol{F}$和$\boldsymbol{M}$，其中$\boldsymbol{F}$满足$\boldsymbol{F}\boldsymbol{F}^{\mathrm{T}} \leqslant I$，令$\boldsymbol{U}$为正定对称矩阵且$\varepsilon$为满足$\varepsilon^{-1}I - MUM^{\mathrm{T}} > 0$的任意正常数，则如下不等式成立

$$(\boldsymbol{A}+\boldsymbol{HFM})\boldsymbol{U}(\boldsymbol{A}+\boldsymbol{HFM})^{\mathrm{T}} \leqslant \boldsymbol{A}(\boldsymbol{U}^{-1}-\boldsymbol{\varepsilon}\boldsymbol{M}^{\mathrm{T}}\boldsymbol{M})^{-1}\boldsymbol{A}^{\mathrm{T}}+\boldsymbol{\varepsilon}^{-1}\boldsymbol{H}\boldsymbol{H}^{\mathrm{T}} \tag{4-11}$$

引理4-4　对于$0 \leqslant t \leqslant \overline{t}$，假设$S_t(\bullet):\mathbb{R}^{n\times n} \to \mathbb{R}^{n\times n}$，$\boldsymbol{X}=\boldsymbol{X}^{\mathrm{T}}>0$，$\boldsymbol{Y}=\boldsymbol{Y}^{\mathrm{T}}>0$，$\boldsymbol{S}_t(\boldsymbol{X})=\boldsymbol{S}_t(\boldsymbol{X})^{\mathrm{T}}$。如果$\boldsymbol{S}_t(\boldsymbol{X}) \leqslant \boldsymbol{S}_t(\boldsymbol{Y})$，$\forall \boldsymbol{X} \leqslant \boldsymbol{Y}$成立，则如下差分方程

$$\boldsymbol{M}_{t+1} \leqslant \boldsymbol{S}_t(\boldsymbol{M}_t)，\quad \boldsymbol{N}_{t+1} = \boldsymbol{S}_t(\boldsymbol{N}_t)，\quad \boldsymbol{M}_0 = \boldsymbol{N}_0 \tag{4-12}$$

式（4-12）的解$\boldsymbol{M}_k$和$\boldsymbol{N}_k$满足$\boldsymbol{M}_k \leqslant \boldsymbol{N}_k$。

命题4-1　设$0 < a \leqslant x$，定义$g_{i,k}(x)=\sqrt{x_i^2+x_k^2}$，其中$k > \boldsymbol{i}$，如果$L_{i,k}(x)=\partial^2 g_{i,k}(x)/\partial x^2$，则不等式（4-13）成立

$$L_{i,k}(x)^{\mathrm{T}} L_{i,k}(x) \leqslant (x_i^2+x_k^2)^{-1} I_N \leqslant (a_i^2+a_k^2)^{-1} I_N \tag{4-13}$$

命题4-1证明　通过计算，则不难得到结论式（4-13），证毕。

4.2 系统动态模型

由于电力系统在正常情况下运行为准稳态，其状态变化较为缓慢。可以利用 Holt 的两参数指数平滑法来预测配网系统的状态变化，Holt 方法可以视为在普通预测 c_k 上加了趋势分量 d_k，c_k 在此被称作为水平分量，可表示为

$$\hat{x}_{k+1/k} = c_k + d_k \tag{4-14}$$

其中

$$c_k = \alpha x_k + (1-\alpha)\hat{x}_{k/k-1} \tag{4-15}$$

$$d_k = \beta(a_k - a_{k-1}) + (1-\beta)b_{k-1} \tag{4-16}$$

式中　a_k，b_{k-1}——系统参数；

$\hat{x}_{k+1/k}$——k 时刻对 $k+1$ 时刻的系统状态预测；

α，β——分别为 0 与 1 之间的平滑参数。

另外，可以清楚地看出，参数 α 和 β 分别控制着水平分量和趋势分量。

考虑到系统噪声，式（4－14）可转换为系统状态方程，即

$$x_{k+1} = A_k x_k + B_k + \omega_k \tag{4-17}$$

其中

$$A_k = \alpha(1+\beta) \tag{4-18}$$

$$B_k = (1+\beta)(1-\alpha)x_k - \beta a_{k-1} + (1-\beta)b_{k-1} \tag{4-19}$$

式中　ω_k——状态噪声序列；

A_k，B_k——系统参数。

另外，假设系统噪声序列 ω_k 是均值为 0 和协方差矩阵为 $\boldsymbol{W}_k$ 的高斯白色噪声。在配电网动态估计中系统状态选为各个节点的电压实部 e_n 和虚部 f_n，n 为配电网的第 n 个节点。

由于配电网的量测系统包括了节点的电压幅值量测 U_n，节点注入功率量测 P_n，Q_n，以及线路上的功率量测 P_l，Q_l，但其与系统状态构成非线性关系，考虑到实际量测过程中存在的量测噪声，量测方程可以表示为

$$y_{k+1}=h(x_{k+1})+v_{k+1} \tag{4-20}$$

式中 y_{k+1}——量测向量；

x_{k+1}——系统状态向量；

v_{k+1}——量测噪声。

4.3 鲁棒扩展卡尔曼滤波器设计

4.3.1 递推滤波器结构

首先，基于 EKF 得到无偏估计器框架

$$\hat{x}_{k+1/k}=A_k\hat{x}_{k/k}+g_k \tag{4-21}$$

$$\hat{x}_{k+1/k+1}=\hat{x}_{k+1/k}+K_{k+1}[y_{k+1}-f(\hat{x}_{k+1/k})] \tag{4-22}$$

式中 K_{k+1}——卡尔曼滤波器增益。

设一步预测误差 $e_{k+1/k}=x_{k+1}-\hat{x}_{k+1/k}$ 可以进一步得到 $e_{k+1/k}=A_ke_{k/k}+\omega_k$。此外，假设存在向量 C_{k+1} 和矩阵 $\boldsymbol{F}_{k+1}$ 分别满足 $|e_{k+1/k}|\leqslant C_{k+1}$，即

$$\mathrm{col}_{\bar{j}}^{\mathrm{T}}\{G_j(\tilde{x}_{j,k+1})\}\mathrm{col}_{\bar{j}}\{G_j(\tilde{x}_{j,k+1})\}\leqslant \boldsymbol{F}_{k+1}^{\mathrm{T}}\boldsymbol{F}_{k+1} \tag{4-23}$$

其中，$G_j(\tilde{x}_{j,k+1})=(\partial^2 f_j(x)/\partial x^2)|\{x=\tilde{x}_{j,k+1}\}$，$\partial^2 f_j(x)/\partial x^2$ 为量测方程的 Hessian 矩阵，$\tilde{x}_{j,k+1}=\xi_j\hat{x}_{k+1/k}+(1-\xi_j)x_{k+1}$，$\xi_j\in[0,1]$。

通过泰勒级数将 $f(x_{k+1})$ 在 $\hat{x}_{k+1/k}$ 处展开得

$$f(x_{k+1})=f(\hat{x}_{k+1/k})+F_{k+1}e_{k+1/k}+\mathcal{G}_{k+1} \tag{4-24}$$

其中 $\mathcal{G}_{k+1}=0.5\mathrm{col}_{\bar{j}}\{e_{k+1}^{\mathrm{T}}G_j(\tilde{x}_{j,k+1})e_{k+1}\}$。使用引理 4-1，有

$$f(x_{k+1})=f(\hat{x}_{k+1/k})+(F_{k+1}+0.5\boldsymbol{C}_{k+1}\Delta_{k+1}\boldsymbol{F}_{k+1})e_{k+1/k} \tag{4-25}$$

其中，$\boldsymbol{F}_{k+1}=(\partial f_j(x)/\partial x)|\{x=\hat{x}_{k+1/k}\}$，$\partial f_j(x)/\partial x$ 为量测方程的 Jacobian 矩阵，此外，Δ_{k+1} 为一个未知时变矩阵，并满足 $\Delta_{k+1}\Delta_{k+1}^{\mathrm{T}}\leqslant I_{\bar{i}\bar{j}}$，$\boldsymbol{C}_{k+1}=I_{\bar{j}}\otimes C_{k+1}^{\mathrm{T}}$。另外需要说明的是，上述的 C_{k+1} 和 $\boldsymbol{F}_{k+1}$ 是假设存在的，它们的具体表达式将在随后的滤波器设计中计算得出。

根据上述内容，滤波误差可以计算为

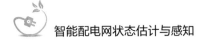

$$\begin{aligned} e_{k+1/k+1} &= x_{k+1} - \hat{x}_{k+1/k+1} \\ &= [I_{\bar{i}} - K_{k+1}(F_{k+1} + 0.5\boldsymbol{C}_{k+1}\Delta_{k+1}\boldsymbol{F}_{k+1})]e_{k+1/k} - K_{k+1}v_{k+1} \end{aligned} \tag{4-26}$$

将 $e_{k+1/k} = A_k e_{k/k} + \omega_k$ 代入上式得到

$$\begin{aligned} e_{k+1/k+1} = &[I_{\bar{i}} - K_{k+1}(\boldsymbol{F}_{k+1} + 0.5\boldsymbol{C}_{k+1}\Delta_{k+1}\boldsymbol{F}_{k+1})]A_k e_{k/k} \\ &+ [I_{\bar{i}} - K_{k+1}(\boldsymbol{F}_{k+1} + 0.5\boldsymbol{C}_{k+1}\Delta_{k+1}\boldsymbol{F}_{k+1})]\omega_k - K_{k+1}v_{k+1} \end{aligned} \tag{4-27}$$

在给定初始条件 $E\{x_0\} = \hat{x}_{0/0}$ 下， $E\{e_{k+1/k+1}\} = E\{e_{k+1/k}\} = 0$ 。因此，一步预测误差协方差 $P_{k+1/k} = E\{e_{k+1/k}e_{k+1/k}^{\mathrm{T}}\}$ 以及误差协方差 $P_{k+1/k+1} = E\{e_{k+1/k+1}e_{k+1/k+1}^{\mathrm{T}}\}$ 分别计算为

$$P_{k+1/k} = A_k P_{k/k} A_k^{\mathrm{T}} + Q_k \tag{4-28}$$

$$\begin{aligned} P_{k+1/k+1} = &[I_{\bar{i}} - K_{k+1}(\boldsymbol{F}_{k+1} + 0.5\boldsymbol{C}_{k+1}\Delta_{k+1}\boldsymbol{F}_{k+1})] \\ &P_{k+1/k}[I_{\bar{i}} - K_{k+1}(\boldsymbol{F}_{k+1} + 0.5\boldsymbol{C}_{k+1}\Delta_{k+1}\boldsymbol{F}_{k+1})]^{\mathrm{T}} \\ &+ K_{k+1}R_{k+1}K_{k+1}^{\mathrm{T}} \end{aligned} \tag{4-29}$$

4.3.2　递推滤波器设计

在一些假设和定义的前提下，鲁棒无偏估计器的基本框架已经完成，接下来需要求解上述所假设的矩阵 $\boldsymbol{C}_{k+1}$ 和 $\boldsymbol{F}_{k+1}$ 。

根据高斯分布的 3σ 准则，随机变量在区间 $[-3\sigma, +3\sigma]$ 的概率为 99.7%，如图 4-1 所示。

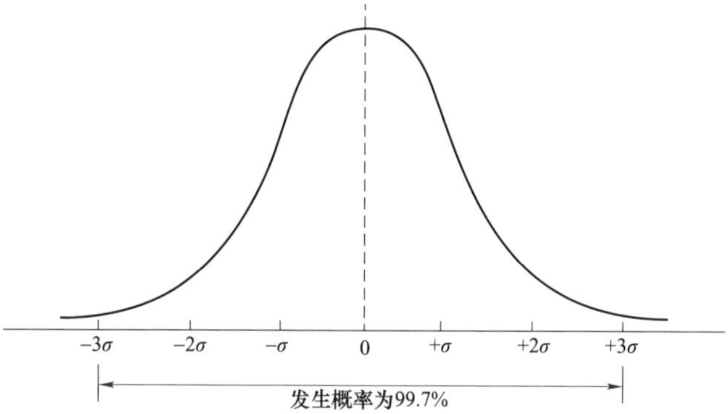

图 4-1　高斯分布的 3σ 准则

将滤波误差表达式（4-26）代入预测误差中，可得

$$e_{k+1/k}=A_k[I_{\bar{i}}-K_k(\boldsymbol{F}_k+0.5\boldsymbol{C}_k\varDelta_k\boldsymbol{F}_k)]e_{k/k-1}-A_kK_kv_k+\omega_k \tag{4-30}$$

从对式（4－30）的观察来看，当设定初值时，预测误差是由几个独立且满足高斯分布的随机项$e_{k/k-1}$，v_k 和 w_k 线性组合而成，因此可以得到结论：滤波误差为$e_{k+1/k}\sim N(0,P_{k+1/k})$，因此可以近似得到以下不等式

$$|e_{k+1/k}|\leqslant 3\mathrm{col}_{\bar{j}}\sqrt{P_{k+1/k}(i,i)} \tag{4-31}$$

于是，可以确定$C_{k+1}=C(P_{k+1/k})=3\mathrm{col}_{\bar{j}}\sqrt{P_{k+1/k}(i,i)}$。

另外，不等式（4－23）中的左侧项可以变换为

$$\mathrm{col}_{\bar{j}}^{\mathrm{T}}\{G_j(\tilde{x}_{j,k+1})\}\mathrm{col}_{\bar{j}}\{G_j(\tilde{x}_{j,k+1})\}=\sum_{j=1}^{j=\bar{j}}G_j^{\mathrm{T}}(\tilde{x}_{j,k+1})G_j(\tilde{x}_{j,k+1}) \tag{4-32}$$

并且

$$\tilde{x}_{j,k+1}=\xi_j\hat{x}_{k+1/k}+(1-\xi_j)x_{k+1}=\hat{x}_{k+1/k}+(1-\xi_j)e_{k+1/k} \tag{4-33}$$

从式（4－33）可以看出，在一定的估计精度下，即预测误差小于其预测值时，$\hat{x}_{j,k+1}>0$，并且根据不等式（4－31），可以进一步得到$\tilde{x}_{j,k+1}$的取值范围，即

$$0<\tilde{x}_{k+1}^{-}(P_{k+1/k})<\tilde{x}_{j,k+1}<\tilde{x}_{k+1}^{+}(P_{k+1/k}) \tag{4-34}$$

其中，$\tilde{x}_{k+1}^{-}(P_{k+1/k})=\hat{x}_{k+1/k}-C(P_{k+1/k})$（代表$\tilde{x}_{j,k+1}$的下界），$\tilde{x}_{k+1}^{+}(P_{k+1/k})=\hat{x}_{k+1/k}+C(P_{k+1/k})$。根据第 2 章所述的量测方程，以及利用命题 4－1，可以得到如下表达式

$$\begin{cases}\boldsymbol{G}_j^{\mathrm{T}}(\tilde{x}_{j,k+1})\boldsymbol{G}_j(\tilde{x}_{j,k+1})\leqslant\{[\tilde{x}_{i,k+1}^{-}(P_{k+1/k})]^2+[\tilde{x}_{k,k+1}^{-}(P_{k+1/k})]^2\}^{-1}I_N & ,j\in\Lambda_1\\ \boldsymbol{G}_j^{\mathrm{T}}(\tilde{x}_{j,k+1})\boldsymbol{G}_j(\tilde{x}_{j,k+1})=\text{常数矩阵 }\boldsymbol{G}_j^{\mathrm{T}}\boldsymbol{G}_j & ,j\in\Lambda_2\end{cases} \tag{4-35}$$

式中　Λ_1 ——$\{w|\,y_k^w\text{为电压幅值测量且}w\in\{1,2,\cdots,\bar{j}\}\}$；

Λ_2 ——$\{w|\,w\in\{1,2,\cdots,\bar{j}\}\text{且}w\notin\Lambda_1\}$。

因此，可进一步可以得到

$$\sum_{j=1}^{j=\bar{j}}\boldsymbol{G}_j^{\mathrm{T}}(\tilde{x}_{j,k+1})\boldsymbol{G}_j(\tilde{x}_{j,k+1})\leqslant\sum_{j=1}^{j=\bar{j}}\boldsymbol{G}_j^{\mathrm{T}}(\tilde{x}_{k+1}^{-}(P_{k+1/k}))\boldsymbol{G}_j(\tilde{x}_{k+1}^{-}(P_{k+1/k})) \tag{4-36}$$

根据式（4－32），则

$$\begin{aligned}\mathrm{col}_{\bar{j}}^{\mathrm{T}}\{\boldsymbol{G}_j(\tilde{x}_{j,k+1})\}\mathrm{col}_{\bar{j}}\{\boldsymbol{G}_j(\tilde{x}_{j,k+1})\}&\leqslant\mathrm{col}_{\bar{j}}^{\mathrm{T}}\{\boldsymbol{G}_j(\tilde{x}_{k+1}^{-}(P_{k+1/k}))\}\mathrm{col}_{\bar{j}}\{\boldsymbol{G}_j(\tilde{x}_{k+1}^{-}(P_{k+1/k}))\}\\&=\phi_{k+1}(P_{k+1/k})\end{aligned} \tag{4-37}$$

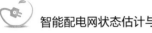

于是，可以确定矩阵 $\boldsymbol{F}_{k+1}=\mathrm{col}_{\bar{j}}\{\boldsymbol{G}_j(\tilde{x}_{\bar{k}+1}(P_{k+1/k}))\}$。

在确定了线性化误差的尺度矩阵 $\boldsymbol{C}_{k+1}$ 和 $\boldsymbol{F}_{k+1}$ 后，接下来需要进一步推导出合适的估计器增益，以及最小的误差协方差上界，其结果可以总结为如下定理：

定理 4-1　考虑配电网系统以及为此系统设计的滤波器［式（4-21）和式（4-22）］，定义如下两个黎卡提型差分方程一

$$\Sigma_{k+1/k}=A_k\,\Sigma_{k/k}\,A_k^{\mathrm{T}}+Q_k \tag{4-38}$$

$$\begin{aligned}\Sigma_{k+1/k+1}=&(I_{\bar{i}}-K_{k+1}\boldsymbol{F}_{k+1})[\Sigma_{k+1/k}-\mu_{k+1}\phi_{k+1}(\Sigma_{k+1/k})]^{-1}(I_{\bar{i}}-K_{k+1}\boldsymbol{F}_{k+1})^{\mathrm{T}}\\&+K_{k+1}\{2.25\mu_{k+1}^{-1}\mathrm{tr}\{\Sigma_{k+1/k}\}I_{\bar{j}}+R_{k+1}\}K_{k+1}^{\mathrm{T}}\end{aligned} \tag{4-39}$$

其中，μ_{k+1} 为正标量且满足不等式

$$0<\mu_{k+1}\leqslant \mathrm{eig}_{\min}^{-1}\{\Sigma_{k+1/k}\,\phi_{k+1}(\Sigma_{k+1/k})\} \tag{4-40}$$

给定初始条件 $\Sigma_{0/0}=P_{0/0}\geqslant 0$，如果式（4-38）、式（4-39）有正定解 $\Sigma_{k+1/k}$ 和 $\Sigma_{k+1/k+1}$，则 $\Sigma_{k+1/k+1}$ 为误差协方差的上界，即 $P_{k+1/k+1}\leqslant\Sigma_{k+1/k+1}$。此外，通过代入式（4-39）使得矩阵 $\Sigma_{k+1/k+1}$ 的迹最小

$$\begin{aligned}K_{k+1}=&[\Sigma_{k+1/k}^{-1}-\mu_{k+1}\phi_{k+1}(\Sigma_{k+1/k})]^{-1}F_{k+1}^{\mathrm{T}}\\&\times\{F_{k+1}[\Sigma_{k+1/k}^{-1}-\mu_{k+1}\phi_{k+1}(\Sigma_{k+1/k})]^{-1}F_{k+1}^{\mathrm{T}}+2.25\mu_{k+1}^{-1}\mathrm{tr}\{\Sigma_{k+1/k}\}I_{\bar{j}}+R_{k+1}\}^{-1}\end{aligned} \tag{4-41}$$

定理 4-1 证明详见附录 A。

4.4　仿　真　分　析

分别采用改进的 IEEE 13 节点和 123 节点算例进行了测试，该配电系统算例均为三相不平衡系统，存在多条单相、两相支路，电压等级均为 4.16kV。区间和仿射潮流分别采用 C++调用开源区间运算库 C-XSC 和仿射运算库 libaffa 实现，线性松弛模型采用 C++调用 CPLEX 12.6 求解，所有测试均在一台配置 Core i5 2.30GHz 处理器、4 GB RAM 及 64 位操作系统的电脑上实现。

为简化分析，将标准算例中的调压器、配电变压器及相应节点删除，并将沿线分布的负荷归入线路端点负荷内。

4.4.1 算例概要

算例分析借助于 MATLAB－R2014a 软件平台进行，通过 IEEE 13 节点配电网测试系统对本节提出的鲁棒滤波算法进行仿真验证，如图 4－2 所示，系统的量测终端包括传统的 RTU，FTU 以及 PMU，它们在网络中假设的安装位置已经在表 4－1 中注明。

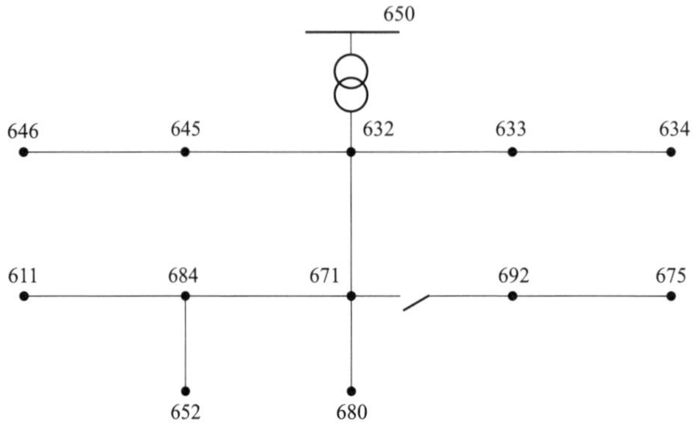

图 4－2　IEEE 13 节点配电网测试系统

表 4－1　配电网测试系统中的量测位置

量测设备	量测方式	量测位置（节点或线路）
PMU	电压实部和虚部	650，633，645，684，692
	线路电流实部和虚部	650－632，645－646，633－634，684－671，692－675
常规设备	电压幅值	632，645，634，646，671，680，675，611，652
	线路功率	645－632，646－645，674－633，675－692，680－671，611－684，652－684
	注入节点功率	672，671

在 k 时刻的 MSE 表达式如下

$$\mathrm{MSE}=\frac{1}{\bar{i}\times\bar{k}}\sum_{i=1}^{i=\bar{i}}\sum_{k=1}^{k=\bar{k}}(x_k-\hat{x}_{k/k})^2 \tag{4-42}$$

式中　x_k^i ——状态量 x_k 的第 i 个分量；

$\hat{x}_{k/k}^i$ ——估计值 $\hat{x}_{k/k}$ 的第 i 个分量。

从式（4－42）中可以看出，均方根误差（root mean squared error，RMSE）代表了估计器的整体估计效果，RMSE 越小说明估计值越接近于真实值。

从定理 4-1 中可知，在每个采样时刻都可以计算得到误差协方差上界 $\Sigma_{k/k}$，为了将误差协方差矩阵 $P_{k/k}$ 与其上界进行比较，基于大数定律和中心极限定律，可使用蒙特卡洛模拟近似得到误差协方差矩阵 $P_{k/k}$，模拟方法如下式所示

$$P_{k/k}(i,i) \cong \frac{1}{R}\sum_{r=1}^{r=R}(x_k^i[r]-\hat{x}_{k/k}^i[r])^2 \tag{4-43}$$

式中　$x_k^i[r]$ ——第 r 次模拟时第 i 个状态在 k 时刻的真实值；

$\hat{x}_{k/k}^i[r]$ ——第 r 次模拟时第 i 个状态在 k 时刻的估计值；

R ——蒙特卡洛仿真次数，设置为 100。

在仿真中，系统过程噪声的标准差设置为 0.006，PMU 以及 SCADA 系统量测噪声的标准差分别为 0.001 和 0.002。其他滤波参数设置为 $s_0 = x_0$，$b_0 = 0$，$\Sigma_{0/0} = P_{0/0} = 10^{-3}I$，$\alpha_k = 0.8$，$\beta_k = 0.5$，$\mu_k = 0.008$。此外，所提出的 REKF 的计算迭代过程如下

$$s_k = \alpha_k \hat{x}_{k/k} + (1-\alpha_k)\hat{x}_{k/k-1} \tag{4-44}$$

$$b_k = \beta_k(s_k - s_{k-1}) + (1-\beta_k)b_{k-1} \tag{4-45}$$

$$\hat{x}_{k+1/k} = s_k + b_k \tag{4-46}$$

$$\hat{x}_{k+1/k+1} = \hat{x}_{k+1/k} + K_{k+1}[y_{k+1} - f(\hat{x}_{k+1/k})] \tag{4-47}$$

4.4.2　有界性分析

根据引理 4-2，图 4-3 中各个符号根据如下表达式计算获得

$$\hat{f}_j(x_k) = \mathcal{I}_j[f(\hat{x}_{k/k-1}) + F_k e_{k/k-1}] \tag{4-48}$$

$$\overline{f}_j^{\text{upper}}(x_k) = \max\{\overline{f}_j^1(x_k), \overline{f}_j^2(x_k)\},\quad \overline{f}_j^{\text{lower}}(x_k) = \min\{\overline{f}_j^1(x_k), \overline{f}_j^2(x_k)\} \tag{4-49}$$

$$\overline{f}_j^1(x_k) = \mathcal{I}_j\{f(\hat{x}_{k/k-1}) + (F_k - 0.5\mathcal{C}_k\mathcal{F}_k)e_{k/k-1}\} \tag{4-50}$$

$$\overline{f}_j^2(x_k) = \mathcal{I}_j\{f(\hat{x}_{k/k-1}) + (F_k - 0.5\mathcal{C}_k\mathcal{F}_k)e_{k/k-1}\} \tag{4-51}$$

其中

$$\mathcal{I}_j = [\underbrace{0,\cdots,0}_{j-1},1,\underbrace{0,\cdots,0}_{\overline{j}-j}]^{\mathrm{T}}$$

从图 4-3 中可以看出传统泰勒级数线性化法得到的 $\hat{f}_j(x_k)$ 与真实非线性函数 $f_j(x_k)$ 存在着不可确定的误差，$f_j(x_k)$ 和 $\hat{f}_j(x_k)$ 也始终存在于线性化上界

$\bar{f}_j^{\text{upper}}(x_k)$ 和下界 $\bar{f}_j^{\text{lower}}(x_k)$ 之间，这验证了引理 4-2 结论的正确性，也说明了所设计出的估计器能够包含未知的线性化误差。此外，状态 x_k^8 和 x_k^{12} 的估计误差协方差及其上界绘制于图 4-4，从图 4-4 的曲线中可以看出，估计误差的协方差 $P_{k/k}(i,i)$ 始终低于其上界 $\Sigma_{k/k}(i,i)$，这说明了所得到了估计轨迹始终在一个误差范围内接近于真实值。

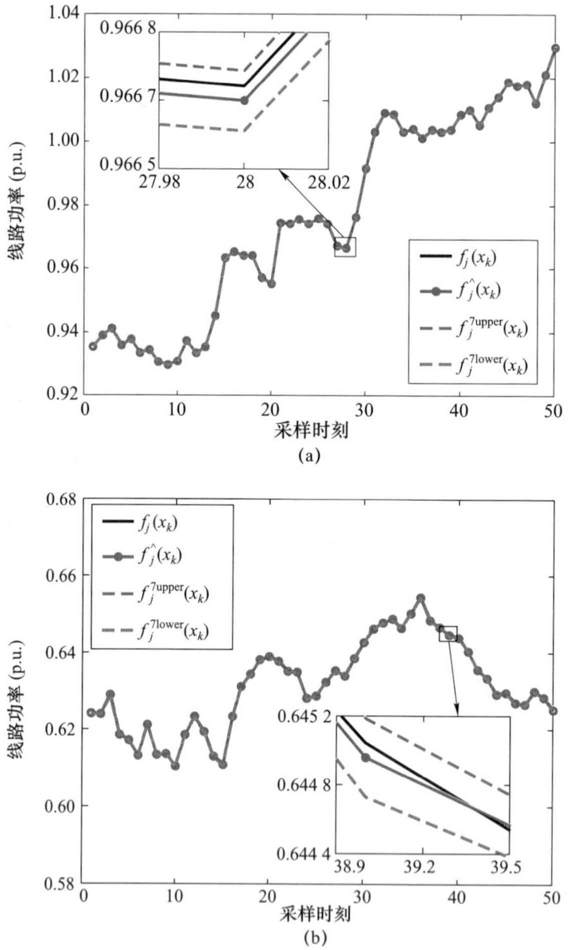

图 4-3 量测函数的真实曲线，常规线性化曲线以及真实曲线的上下界之间的比较
（a） $j=63$，电气量 $V_{2,k}^{\text{ma},c}$ 的量测函数；（b） $j=105$，电气量 $\tilde{P}_{4\to5,k}^{c}$ 的量测函数

4.4.3 估计器性能分析

如图 4-5 所示，分别设置 1～4 倍标准差的量测噪声场景，并在同一组量

测下，绘制 EKF 和 REKF 的 MSE 曲线，其中 EKF 的计算迭代过程如下

$$s_k = \alpha_k \hat{x}_{k/k} + (1-\alpha_k)\hat{x}_{k/k-1} \tag{4-52}$$

$$b_k = \beta_k (s_k - s_{k-1}) + (1-\beta_k) b_{k-1} \tag{4-53}$$

$$\hat{x}_{k+1/k} = s_k + b_k \tag{4-54}$$

$$P_{k+1/k} = A_k P_{k/k} A_k^{\mathrm{T}} + Q_k \tag{4-55}$$

$$K_{k+1} = P_{k+1/k} F_{k+1}^{\mathrm{T}} (F_{k+1} P_{k+1/k} F_{k+1}^{\mathrm{T}} + R_{k+1})^{-1} \tag{4-56}$$

$$\hat{x}_{k+1/k+1} = \hat{x}_{k+1/k} + K_{k+1}[y_{k+1} - f(\hat{x}_{k+1/k})] \tag{4-57}$$

$$P_{k+1/k+1} = (I_{\bar{i}} - K_{k+1} F_{k+1}) P_{k+1/k} \tag{4-58}$$

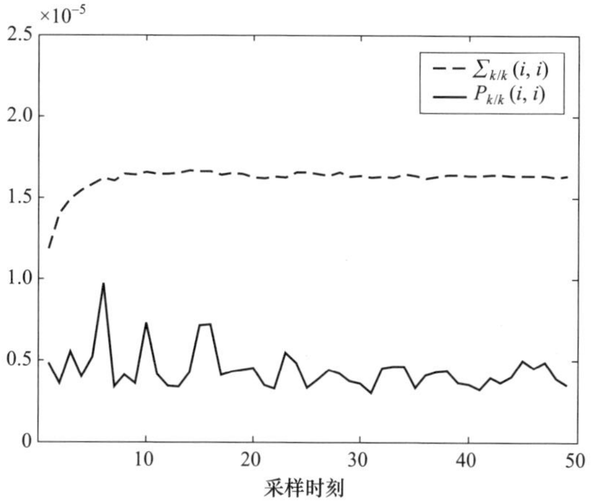

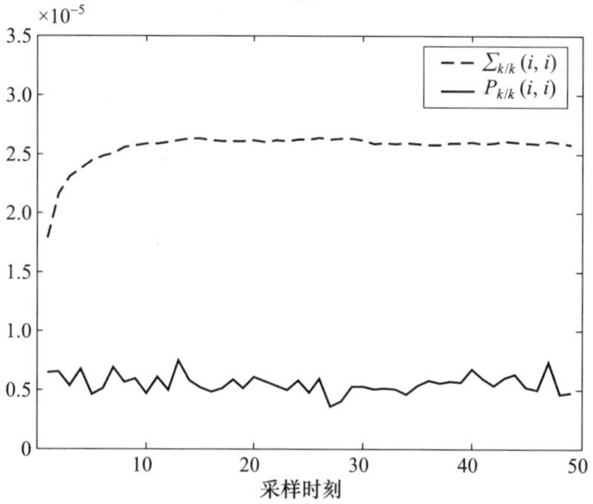

图 4－4　误差协方差 $P_{k/k}(i,i)$ 以及其上界 $\Sigma_{k/k}(i,i)$ 之间的曲线比较

（a）$i=8$，x_k^8 为状态 $V_{2,k}^{im,a}$；（b）$i=12$，x_k^{12} 为状态 $V_{2,k}^{im,c}$

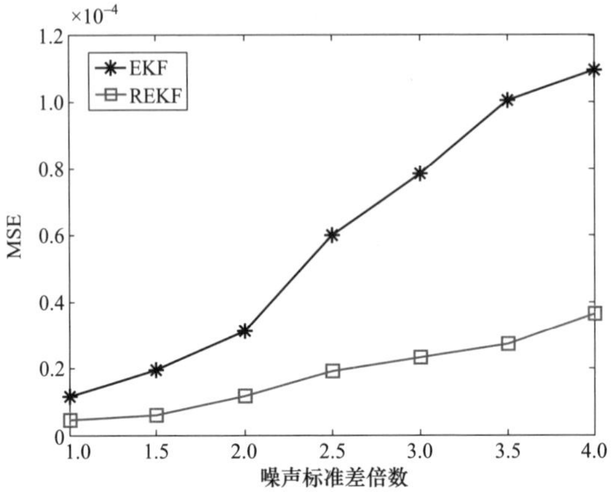

图 4-5　在不同误差场景下，使用 EKF 的 MSE 与所提出的 REKF 的 MSE 之间的曲线比较

从图 4-5 中可以看出，所提出的滤波器估计精度要高于传统的 EKF，并且随着量测误差的增大，两者的精度差距也越来越大。这是因为，EKF 会受到不确定的线性化误差干扰，对线性化误差做了特殊的考虑，使得所设计出来的滤波器具有较好的鲁棒性。另外，两种方法直观的估计结果在图 4-6 中展示。

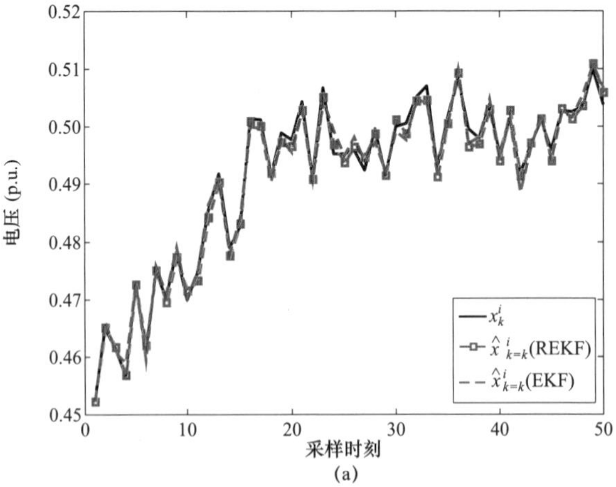

图 4-6　分别使用 EKF 和 REKF 得到的估计曲线与系统真实状态进行比较（一）

（a）$i=7$，x_k^7 为状态 $V_{2,k}^{re,a}$

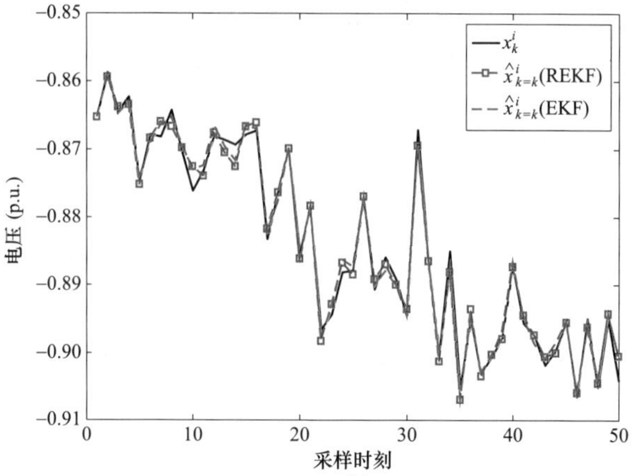

(b)

图 4-6　分别使用 EKF 和 REKF 得到的估计曲线与系统真实状态进行比较（二）

（b）$i=12$，x_k^{12} 为状态 $V_{2,k}^{im,c}$

第5章

基于自适应扩展集员滤波的配电网状态估计

在状态估计问题研究中，传统滤波算法通常将噪声假设为零均值高斯白噪声，但是在实际工程环境中，噪声的先验统计特征是难以获取的，无法用精准的概率分布特征进行描述，且现场的电磁干扰也相对严重，噪声干扰呈现出灵活多变、难以预测的特点。为了解决常规动态状态估计无法处理非高斯噪声的问题，本章提出了一种基于未知但有界（unkown but bounded，UBB）噪声的配电网状态估计算法。在滤波器设计中，充分考虑了状态估计准确性和可靠性要求，系统状态量为一个完全包含真值的椭球集而非某一点。同时，针对配电网非线性量测的特点，在滤波器设计中，通过引入自适应程序来处理量测数据，可以显著提高滤波器的估计精度和稳定性。通过仿真，对扩展集员滤波（extended set-membership filter，ESMF）和自适应扩展集员滤波（adapted extended set-membership filter，AESMF）进行分析比较，结果表明 AESMF 算法能够较准确估计出系统状态，且性能较 ESMF 更为优越。

5.1 系统模型

对于具有非线性量测的配电网，其动态状态估计模型可表示为

$$\boldsymbol{x}_k = \boldsymbol{A}_k \boldsymbol{x}_{k-1} + \boldsymbol{\omega}_{k-1} \tag{5-1}$$

$$\boldsymbol{y}_k = \boldsymbol{h}(\boldsymbol{x}_k) + \boldsymbol{v}_k \tag{5-2}$$

其中，系统状态变量 $\boldsymbol{x}_k \in \mathbb{R}^n$ 是 k 时刻的 n 维矢量，系统量测变量 $\boldsymbol{y}_k \in \mathbb{R}^m$ 是 k 时刻的 m 维矢量。$\boldsymbol{A}_k$ 是 k 时刻的系统状态转移矩阵，$\boldsymbol{h}(\boldsymbol{x}_k)$ 是已知的二阶可导非线性量测方程。

对于采用集员估计算法的系统噪声而言，其噪声表示为集合形式，其中以椭球集最为常用，本章所述算法也统一采用椭球集

$$W_k = \{\boldsymbol{\omega}_k : \boldsymbol{\omega}_k^{\mathrm{T}} Q_k^{-1} \boldsymbol{\omega}_k \leqslant 1\} \tag{5-3}$$

$$V_k = \{\boldsymbol{v}_k : \boldsymbol{v}_k^{\mathrm{T}} R_k^{-1} \boldsymbol{v}_k \leqslant 1\} \tag{5-4}$$

其中，$\boldsymbol{\omega}_{k-1} \in \mathbb{R}^n$ 表示 $k-1$ 时刻的过程 UBB 噪声，$\boldsymbol{v}_k \in \mathbb{R}^m$ 为 k 时刻系统的量测 UBB 噪声，$Q_k = Q_k^T \succ 0$ 和 $R_k = R_k^T \succ 0$ 分别为各自的椭球形状矩阵且正定。

系统初始状态变量可表示为椭球 $E(\hat{\boldsymbol{x}}_0, P_0)$

$$E(\hat{\boldsymbol{x}}_0, P_0) = \{\boldsymbol{x}_0 : (\boldsymbol{x}_0 - \hat{\boldsymbol{x}}_0)^{\mathrm{T}} P_0^{-1} (\boldsymbol{x}_0 - \hat{\boldsymbol{x}}_0) \leqslant 1\} \tag{5-5}$$

其中，$\hat{\boldsymbol{x}}_0$ 为已知的椭球中心，$P_0 = P_0^T \succ 0$ 为已知正定矩阵，表示椭球形状。

5.2 主 要 定 理

凸集：n 维空间的一个子集 S，当且仅当 S 中任意两点 P、Q 的“连线”包含在 S 中，就称 S 为凸集。凸函数的定义有很多种不同的说法，但其含义是一样的，下面给出其中一种：设函数 $f(x)$ 定义在区间 $[a,b]$ 上，如果对于任意的 x_1, x_2, x_3 满足 $a < x_1 < x_2 < x_3 < b$，都有 $f(x_2) \geqslant L(x_2)$，其中 $L(x)$ 是过点 $(x_1, f(x_1))$ 和点 $(x_2, f(x_2))$ 的直线方程，则称 $f(x)$ 是 $[a,b]$ 上的凸函数，见图 5-1。

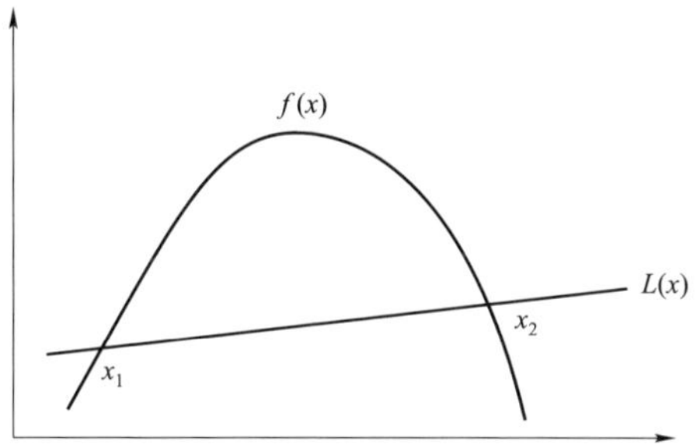

图 5-1　凸函数

定理 5−1 椭球 $E(a,P)$ 的最小体积外包盒即为一个所有边与椭球相切且同时平行于该椭球各轴的有向包围盒（oriented bounding box，OBB）。

定理 5−1 证明 容易验证为使最小体积 OBB 的体积尽可能小，其边界应该与椭球的边界相切。考虑椭球可通过一个欧氏空间中的单位球仿射变换得到

$$E(a,P)=\{x\in\mathbb{R}^n \mid x=a+Hz,\|z\|_2\leqslant 1\} \tag{5-6}$$

其中，$\|\bullet\|_2$ 定义为 l_2 欧式范数，$H=UD^{1/2}$ 为正定矩阵 P 的奇异值分解，$P=UDU^{\mathrm{T}}=HH^{\mathrm{T}}$ 后得到的一个平方根，单位上三角阵，D 为对角阵。在该仿射变换下，椭球的所有有向包围盒均为单位球的外包且相切的超平行体转化得到。图 5−2 给出 $n=2$ 时，将 F_1 下单位球转换为 F_2 下的椭球的示例。

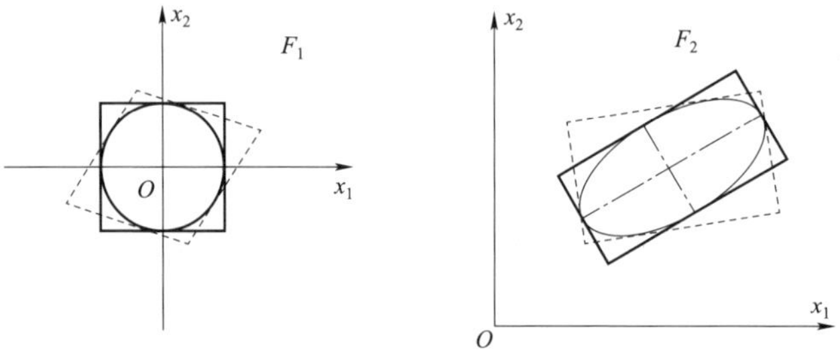

图 5−2 椭球仿射变换

容易推出在仿射变换下，F_2 中外定界盒的体积为 F_1 中相应超平行体伸缩 det（H）倍得到。由于在 F_1 中最小体积的椭球外包超平行体为体积等于 $2n$ 的单位轴对齐包围盒（axis aligned bounding box，AABB），从而在 F_2 中转换得到的最小体积有向包围盒应满足

$$\min V_{OBB}=2^n\det(H)=2^n\sqrt{\det(P)} \tag{5-7}$$

则可以推出由 F_1 中单位 AABB 转换而来的边与椭球相切且平行于椭球轴的有向包围盒为具有最小体积的椭球外包盒。

定理 5−2 对于中心为 $\boldsymbol{a}=[a_1,a_2,a_3,\cdots,a_n]^{\mathrm{T}}$，边界为 $\boldsymbol{r}=[r_1,r_2,r_3,\cdots,r_n]^{\mathrm{T}}$ 的盒集 $B(\boldsymbol{a},\boldsymbol{r})$，其最小体积的外包椭球可以表示为 $E(\boldsymbol{c},P)$。其中 $\boldsymbol{c}=\boldsymbol{a}$，$P=n\mathrm{diag}\{\boldsymbol{r}^{\mathrm{T}}\boldsymbol{r}\}$。

定理 5−2 证明 由对称性易得此盒集的外包椭球中心仍为盒集中心，即

$\boldsymbol{c}=\boldsymbol{a}$ 。假设盒集外包椭球的形式为 $E(\boldsymbol{a},P)$ ，且 $\boldsymbol{c}=\boldsymbol{a}$ ， $P=diag\{b_1^2,b_2^2,\cdots,b_n^2\}$ ， b_i^2 大于零，表示半轴长度。那么求取盒集最小体积外包椭球问题就转化为半正定规划问题

$$\begin{aligned}&\min\ \det(P)=\prod_{i=1}^{n}b_i\\&\text{s.t.}\ \ b_i>0,\boldsymbol{r}^{\mathrm{T}}P^{-1}\boldsymbol{r}=\sum_{i=1}^{n}b_i^{-2}r_i^2=1\end{aligned} \tag{5-8}$$

其中， $\det(P)$ 和椭球的体积正相关，约束条件为让外包椭球包住盒集边界的边界条件。求解此带约束的优化问题可用拉格朗日乘子法

$$L=\prod_{i=1}^{n}b_i+\lambda\sum_{i=1}^{n}b_i^{-2}r_i^2 \tag{5-9}$$

令 $\dfrac{\partial L}{Pb_i}=0\quad i=1,2,\cdots,n$ ，得

$$b_i=n^{1/2}r_i\quad i=1,2,\cdots,n \tag{5-10}$$

5.3　自适应扩展集员滤波器设计

5.3.1　时间更新椭球

显然，时间更新椭球集 $E(\hat{\boldsymbol{x}}_{k|k-1},P_{k|k-1})$ 由两个集合的直和得到。其一为原椭球 $E(\hat{\boldsymbol{x}}_{k-1},P_{k-1})$ 经由仿射变换得到的新椭球 $E(A_k\hat{\boldsymbol{x}}_{k-1},A_kP_{k-1}A_k^{\mathrm{T}})$ ，另一为过程噪声集。

虽式（5-3）和式（5-4）直接给出了噪声集合的椭球表示，但 UBB 噪声实际上为具有上下界的区间矢量或盒集（Box Set），然后利用定理 5-2 将其转化为椭球集，如系统过程噪声

$$[\boldsymbol{\omega}_{\min},\boldsymbol{\omega}_{\max}]=\left\{\boldsymbol{\omega}:\omega_{i,\min}\leqslant\omega_i\leqslant\omega_{i,\max}\right\}\quad i=1,2,\cdots,n \tag{5-11}$$

其中 $\boldsymbol{\omega}_{\min}=[\omega_{1,\min},\omega_{2,\min},\cdots,\omega_{n,\min}]^{\mathrm{T}}$ 为系统过程 UBB 噪声下边界，而 $\boldsymbol{\omega}_{\max}=[\omega_{1,\max},\omega_{2,\max},\cdots,\omega_{n,\max}]^{\mathrm{T}}$ 则为系统过程 UBB 噪声上边界。也可以写成盒集形式

$$B(\boldsymbol{a}_{\omega},\boldsymbol{r}_{\omega})=\left\{\boldsymbol{\omega}:\boldsymbol{\omega}=\boldsymbol{a}_{\omega}+diag\{\boldsymbol{r}_{\omega}^{\mathrm{T}}\boldsymbol{r}_{\omega}\}z,\|z\|_{\infty}\leqslant 1\right\} \tag{5-12}$$

其中，$\boldsymbol{a}_{\omega}=(\boldsymbol{\omega}_{\min}+\boldsymbol{\omega}_{\max})/2$ 为盒集的中心，$\boldsymbol{r}_{\omega}=(\boldsymbol{\omega}_{\max}-\boldsymbol{\omega}_{\min})/2$ 表示盒集的宽度，它决定了盒集的形状和区间大小。以二维为例，如图 5-3 所示。

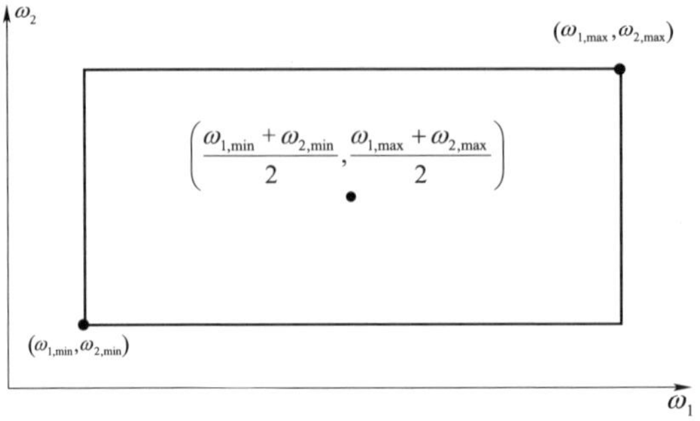

图 5-3　二维区间矢量的盒集表示

根据定理 5-2，则系统过程噪声可以用椭球 $E(\boldsymbol{a}_{\omega},P_{\omega})$ 表示，其中 $P_{\omega}=ndiag\{\boldsymbol{r}_{\omega}^{\mathrm{T}}\boldsymbol{r}_{\omega}\}$。类似地，系统量测噪声 $B(\boldsymbol{a}_{v},\boldsymbol{r}_{v})$ 也可以用 $E(\boldsymbol{a}_{v},P_{v})$ 表示。

则基于最小迹准则的两个椭球 $E(A_k\hat{\boldsymbol{x}}_{k-1},A_kP_{k-1}A_k^{\mathrm{T}})$ 与 $E(\boldsymbol{a}_{\omega},P_{\omega})$ 直和的外定界椭球为

$$\hat{\boldsymbol{x}}_{k|k-1}=\hat{\boldsymbol{x}}_{k-1}+\boldsymbol{a}_{\omega} \tag{5-13}$$

$$P_{k|k-1}=\frac{A_kP_kA_k^{\mathrm{T}}}{1-\beta_k}+\frac{P_{\omega}}{\beta_k} \tag{5-14}$$

$$\beta_k=\frac{\sqrt{tr(P_{\omega})}}{\sqrt{tr(A_kP_kA_k^{\mathrm{T}})}+\sqrt{tr(P_{\omega})}} \tag{5-15}$$

其中，β_k 为滤波器的参数，取值范围为 $[0,1)$，0 表示无噪声情况。

至此，时间更新步骤结束，求得椭球 $E(\hat{\boldsymbol{x}}_{k|k-1},P_{k|k-1})$。

5.3.2 自适应检测

量测更新椭球的求解涉及迭代过程，而迭代的初值对迭代收敛速度和迭代结果的精确度有重要影响。因此本章利用自适应算法来选择优良的迭代初值从而达成提高估计精度的目标。根据电力系统的实际情况，所提自适应算法将从两个方面入手。具体步骤如下：

首先，噪声自适应处理。电力系统状态估计的实质是利用冗余的量测数据来消除系统运行、传感器测量和数据传输等过程中带来的噪声误差，即对这些噪声误差进行过滤消除。量测数据的维数越高则量测数据冗余度也越高，但这些量测数据所带噪声大小并不相同。为了提高数据冗余度，部分量测并非直接测量所得，而是伪量测。此外，在 SCADA/WAMS 混合量测中，RTU 采集的数据精度和 PMU 采集的数据精度有较大差距。如果将噪声信息大的量测数据作为迭代初值进行迭代运算，那么在经过有限的迭代次数后迭代结果可能不收敛，影响了算法精度。因此，应将噪声最小的量测数据作为迭代初值而非噪声大的量测数据。通过噪声边界信息可以对量测数据进行自适应处理，将 m 维量测方程展开

$$\boldsymbol{h}(\boldsymbol{x}_k)=\begin{bmatrix} h_1(\boldsymbol{x}_k) \\ h_2(\boldsymbol{x}_k) \\ \vdots \\ h_m(\boldsymbol{x}_k) \end{bmatrix}+\begin{bmatrix} v_{1,k} \\ v_{2,k} \\ \vdots \\ v_{m,k} \end{bmatrix} \tag{5-16}$$

对 $v_{1,k},v_{2,k},v_{3,k},\cdots,v_{m,k}$，令

$$V_{1,k}=|v_{1,k}|,V_{2,k}=|v_{2,k}|,V_{3,k}=|v_{3,k}|,\cdots,V_{m,k}=|v_{m,k}| \tag{5-17}$$

然后对 $V_{j,k}$，$j=1,2,3,\cdots,m$ 进行排序处理，使得 $V_{j,k}\leqslant V_{j+1,k}$，$j=1,2,3,\cdots,m$。最后根据调整后的噪声大小顺序调整相应的量测方程，在对量测方程重新编号。如若排序后 $V_{3,k}\leqslant V_{1,k}\leqslant V_{2,k}\leqslant\cdots\leqslant V_{m,k}$，则 $\boldsymbol{h}(\boldsymbol{x}_k)=[h_3(\boldsymbol{x}_k),h_1(\boldsymbol{x}_k),h_2(\boldsymbol{x}_k),\cdots,h_m(\boldsymbol{x}_k)]^{\mathrm{T}}$ 再对量测方程重新编号。

其次，线性化误差自适应处理。对非线性系统而言，通常都需要对非线性部分做线性化处理。对非线性量测方程 $\boldsymbol{h}(\boldsymbol{x}_k)$ 线性化

$$\boldsymbol{h}(\boldsymbol{x}_k)=\boldsymbol{h}(\hat{\boldsymbol{x}}_{k|k-1})+H_k(\boldsymbol{x}_k-\hat{\boldsymbol{x}}_{k|k-1})+\boldsymbol{\varepsilon}_k+\boldsymbol{v}_k \tag{5-18}$$

其中，$H_k=\left.\dfrac{\partial\boldsymbol{h}(\boldsymbol{x})}{\partial\boldsymbol{x}}\right|\boldsymbol{x}=\hat{\boldsymbol{x}}_{k|k-1}$ 为量测方程的雅可比矩阵，$\boldsymbol{\varepsilon}_k$ 为线性化误差，定义等式右边前两项为 $\boldsymbol{h}^{\mathrm{L}}$。

如上所述，迭代的初值对迭代收敛速度和迭代结果的精确度有重要影响。在对非线性量测线性化处理过程中产生的线性化误差大小也各不相同。在电力系统实际运行过程中，并非所有的量测方程全是非线性量测，如选择电压幅值

和相角作为状态量，电压幅值的量测方程则为线性。此外，电力系统的各线路参数也会影响到线性化误差的大小，如$\partial P_{ij} / \partial v_j = -v_i(g\cos\theta_{ij} + b\sin\theta_{ij})$在线路参数$g$和$b$为零时则整个等式恒为零。因此，在迭代前还应根据线性化误差再次给出自适应线性化误差处理程序。具体步骤如下：

检验$H_{k,1i}$是否含有$\boldsymbol{x}$的分量，如果含有，则将其赋值给$H_{k,mi}$，将$H_{k,m-1i}$赋值给$H_{k,m-2i}$，依次类推，直至将$H_{k,2i}$赋值给$H_{k,1i}$。同时$\boldsymbol{h}(\boldsymbol{x}_k)$，$\boldsymbol{y}_k$，$\boldsymbol{\varepsilon}_k$及$\boldsymbol{v}_k$等也需作相应改变，直至$H_{k,1i}$中不再含有$\boldsymbol{x}$的分量。而电力系统状态估计的量测方程一般为节点电压、节点电流、节点有功功率、节点无功功率、线路有功功率和线路无功功率，因而此自适应算法是可行的。$H_{k,ji}$表示k时刻雅可比矩阵H_k中的第j行第i个分量，且$j=1,2,\cdots,m$；$i=1,2,\cdots,n$。

具体的检验方法为利用量测方程的二阶导矩阵，即黑塞矩阵。若黑塞矩阵中的对应元素为0，则表示相对应的雅可比矩阵中的元素含有$\boldsymbol{x}$的分量。

5.3.3 量测更新椭球

对式（5－18）求取线性化误差的椭球集，可以采用了拉格朗日区间法，但是采用拉格朗日区间每个时刻均需要计算黑塞矩阵，这将极大增加计算量。因此，为了减小计算量和保障计算的实时性要求，考虑采用DC规划和凸优化的思想来对线性化误差进行处理。显而易见，椭球集是一个标准的凸集，而系统量测方程也为满足凸函数的要求。

对矢量函数$\boldsymbol{h}=[h_1\ h_2 \cdots h_m]^{\mathrm{T}}$作序列化处理，其中$h_j$且$j=1,2,\cdots,m$。如果$h_j$为凸集上的凸函数，则存在两个函数$F(\boldsymbol{x})$和$G(\boldsymbol{x})$满足

$$h(\boldsymbol{x}) = F(\boldsymbol{x}) - G(\boldsymbol{x}) \tag{5-19}$$

$$F(\boldsymbol{x}) = \alpha \boldsymbol{x}^{\mathrm{T}} \boldsymbol{x} + h(\boldsymbol{x}) \tag{5-20}$$

$$G(\boldsymbol{x}) = \alpha \boldsymbol{x}^{\mathrm{T}} \boldsymbol{x} \tag{5-21}$$

其中，$\partial^2 h(\boldsymbol{x}) / \partial \boldsymbol{x}^2 \geqslant -2\alpha I$，$\alpha \geqslant 0$，$I$为单位矩阵。

则线性化误差可表示为$F(\boldsymbol{x}_k) - G(\boldsymbol{x}_k) - h^{\mathrm{L}}(\hat{\boldsymbol{x}}_{k|k-1})$，那么仅需求取$F(\boldsymbol{x}_k) - G(\boldsymbol{x}_k)$的取值区间即可求得线性化误差集

$$f(\boldsymbol{x}_k) = F_{\min}(\boldsymbol{x}_k) = F(\hat{\boldsymbol{x}}_{k|k-1}) + u_1^{\mathrm{T}}(\boldsymbol{x}_k - \hat{\boldsymbol{x}}_{k|k-1}) \tag{5-22}$$

$$g(\boldsymbol{x}_k)=G_{\min}(\boldsymbol{x}_k)=G(\hat{\boldsymbol{x}}_{k|k-1})+u_2^{\mathrm{T}}(\boldsymbol{x}_k-\hat{\boldsymbol{x}}_{k|k-1}) \tag{5-23}$$

其中 u_1 和 u_2 表示函数 $F(\boldsymbol{x})$ 和 $G(\boldsymbol{x})$ 在估计点 $\hat{\boldsymbol{x}}_{k|k-1}$ 的次梯度。

则线性化可以的取值范围为

$$\varepsilon_{k,\min}=\overset{\min}{\boldsymbol{x}_k\in V_s}\, f(\boldsymbol{x}_k)-G(\boldsymbol{x}_k)-h^{\mathrm{L}}(\hat{\boldsymbol{x}}_{k|k-1}) \tag{5-24}$$

$$\varepsilon_{k,\max}=\overset{\max}{x_k\in V_s}\, F(\boldsymbol{x}_k)-g(\boldsymbol{x}_k)-h^{\mathrm{L}}(\hat{\boldsymbol{x}}_{k|k-1}) \tag{5-25}$$

V_s 表示凸集 S 的所有顶点，对椭球集 $E(\hat{\boldsymbol{x}}_{k|k-1},P_{k|k-1})$ 而言，其顶点即是其整个边界。直接带入椭球边界求线性化误差范围计算量过于庞大，因而用盒集外包，将求椭球集边界转化为求盒集的顶点集。根据定理 5-1：椭球集 $E(\hat{\boldsymbol{x}}_{k|k-1},P_{k|k-1})$ 的外包盒集为 $B(\hat{\boldsymbol{x}}_{k|k-1},D_{k|k-1})$，其中 $D_{k|k-1}=\sqrt{P_{k|k-1}}$。于是椭球 $E(\hat{\boldsymbol{x}}_{k|k-1},P_{k|k-1})$ 的顶点集 V_E 就化为盒集 $B(\hat{\boldsymbol{x}}_{k|k-1},D_{k|k-1})$ 的顶点集 V_B，仅计算 $2n$ 个顶点即可求得线性化误差的取值范围 $[\varepsilon_{k,\min},\varepsilon_{k,\max}]$。

对序列化处理过的矢量函数 $\boldsymbol{h}=[h_1,h_2,\cdots,h_m]^{\mathrm{T}}$，应逐一求其每个分量线性化误差，然后重新写成矢量形式 $B(\boldsymbol{a}_\varepsilon,\boldsymbol{r}_\varepsilon)$。

观测集可以重新写为

$$S_k=\bigcap_{j=1}^{m}\{\boldsymbol{x}_k \mid \boldsymbol{z}_k^j-\boldsymbol{r}_k^j\leqslant H_{k,j}^{\mathrm{T}}\boldsymbol{x}_k\leqslant \boldsymbol{z}_k^j+\boldsymbol{r}_k^j\} \tag{5-26}$$

其中 $\boldsymbol{z}_k^j=\boldsymbol{y}_k^j-\boldsymbol{h}_j(\hat{\boldsymbol{x}}_{k|k-1})+H_k^{\mathrm{T}}\hat{\boldsymbol{x}}_{k|k-1}$，$\boldsymbol{r}_k=\boldsymbol{r}_{\varepsilon,k}+\boldsymbol{r}_{v,k}$，上标表示其行分量。$H_{k,j}$ 是 H_k 的行向量。

k 时刻的状态集为

$$E(\hat{\boldsymbol{x}}_{k|k-1},P_{k|k-1})\cap\left(\bigcap_{j=1}^{m}S_{k,j}\right) \tag{5-27}$$

迭代求解最小椭球，具体迭代步骤如下。

步骤 1：赋初值，对于 $k=1,2,3,\cdots$，取时间更新椭球为初值，令

$$\hat{\boldsymbol{x}}_k^0=\hat{\boldsymbol{x}}_{k|k-1},P_k^0=P_{k|k-1} \tag{5-28}$$

步骤 2：求参数，计算各个超平面到椭球中心的距离，对 m 维量测 $j=1,2,\cdots,m$，设

$$g_j=H_{k,j}P_k^{j-1}H_{k,j}^{\mathrm{T}}$$

$$\rho_{k,j}^{+}=\frac{\boldsymbol{z}_k^j-H_{k,j}\hat{\boldsymbol{x}}_k^{j-1}+r_k^j}{\sqrt{g_j}}$$

$$\rho_{k,j}^{-}=\frac{\boldsymbol{z}_k^j-H_{k,j}\hat{\boldsymbol{x}}_k^{j-1}-r_k^j}{\sqrt{g_j}} \tag{5-29}$$

步骤3：判定，当 $\rho_{k,j}^{+}<-1$ 或者 $\rho_{k,j}^{-}>1$ 时

$$\boldsymbol{x}_k=\hat{\boldsymbol{x}}_k^{j-1},P_k=P_k^{j-1} \tag{5-30}$$

迭代结束。

否则，若 $\rho_{k,j}^{+}>-1$ 且 $\rho_{k,j}^{-}<1$，则

$$\rho_{k,j}^{+}=\min(\alpha_{k,j}^{+},1),\rho_{k,j}^{-}=\max(\alpha_{k,j}^{-},-1) \tag{5-31}$$

步骤4：迭代，若 $\rho_{k,j}^{+}\rho_{k,j}^{-}\leqslant-1/n$，那么

$$\hat{\boldsymbol{x}}_k^j=\hat{\boldsymbol{x}}_k^{j-1},P_k^j=P_k^{j-1} \tag{5-32}$$

否则

$$\hat{\boldsymbol{x}}_k^j=\hat{\boldsymbol{x}}_k^{j-1}+\lambda_j\frac{S_k^jH_{k,j}^{\mathrm{T}}e_j}{d_j^2} \tag{5-33}$$

$$P_k^j=1+\lambda_j-\frac{\lambda_je_j^2}{d_j^2+\lambda_jg_j} \tag{5-34}$$

$$S_k^j=P_k^{j-1}-\frac{\lambda_j}{d_j^2+\lambda_jg_j}P_k^{j-1}H_{k,j}^{\mathrm{T}}H_{k,j}P_k^{j-1} \tag{5-35}$$

其中

$\lambda_j=\max(solve((n-1)g_j^2x^2+((2n-1)d_j^2-g_j+e_j^2)g_jx+(n(d_j^2-e_j^2)-g_j)d_j^2))$，$d_j=\sqrt{g_j}\left(\frac{\rho_{k,j}^{+}-\rho_{k,j}^{-}}{2}\right)$，$e_j=\sqrt{g_j}\left(\frac{\rho_{k,j}^{+}+\rho_{k,j}^{-}}{2}\right)$。每次迭代都会得到一个迭代椭球 $E(\hat{x}_k^j,P_k^j)$，如果该椭球与观测集的交集为空，即 $\rho_{k,j}^{+}<-1$ 或 $\rho_{k,j}^{-}>1$ 则表明所有的可能值都包含在此椭球中，迭代停止，否则继续迭代。

每次迭代都会得到一个迭代椭球 $E(\hat{x}_k^j,P_k^j)$，如果该椭球与观测集的交集为空则表明所有的可能值都包含在此椭球中，迭代停止，否则继续迭代。

5.4 仿 真 分 析

5.4.1 算例概要

算例在 MATLAB 上运行，所有测试均在一台配置 Core i7 2.30GHz 处理器、8G RAM 及 64 位操作系统的电脑上实现。采用 IEEE 13 节点测试系统验证算法的正确性和有效性，线路参数可参见相关文献及标准，见图 5－4。

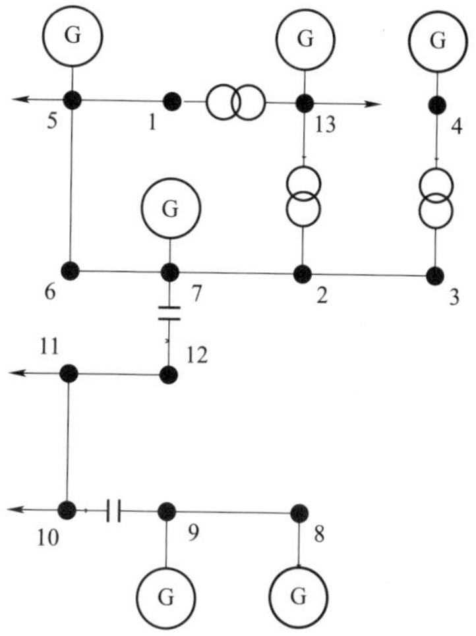

图 5－4　IEEE 13 节点测试系统

5.4.2 算例分析

模拟系统运行，得到系统潮流分布，以潮流解为真值，量测方程取电压幅值，线路有功功率，线路无功功率，节点注入有功功率，节点注入无功功率。PMU 量测幅值误差区间设为 $[-0.1,0.1]$，相角误差区间设为 $[-0.05,0.05]$，SCADA 幅值量测量测误差区间设为 $[-0.1,0.1]$。量测数据取相应的真值加上述 UBB 噪声。给定初值 $\boldsymbol{x}=[1,0]^{\mathrm{T}}$ 及初始状态 $P=\begin{bmatrix}0.01 & 0\\ 0 & 0.01\end{bmatrix}$。IEEE 13 节点仿真结果如图 5－5 所示。

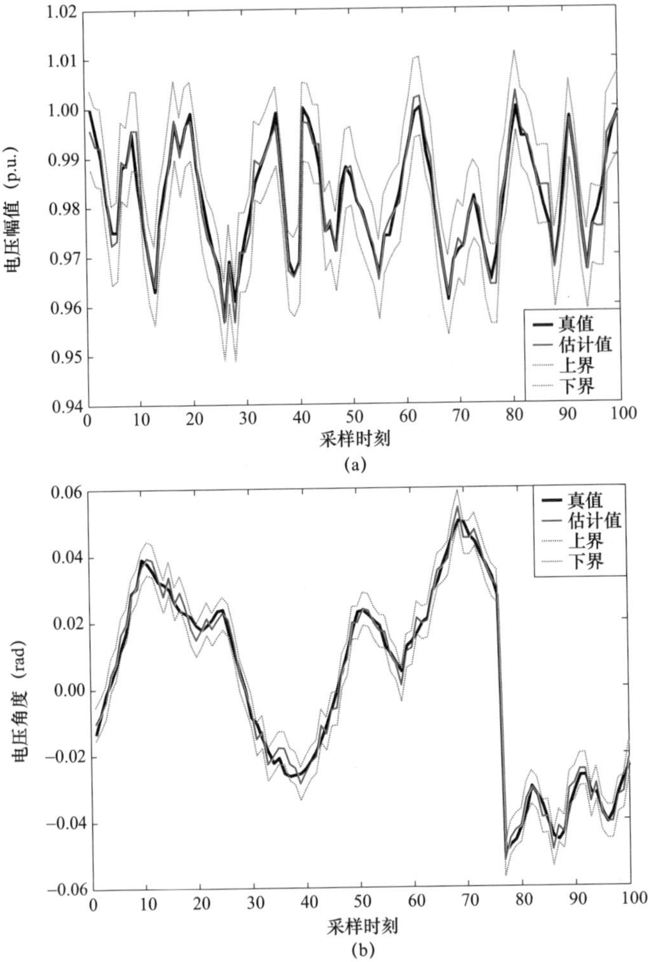

图 5-5 IEEE 13 节点仿真结果

（a）电压幅值；（b）电压相角

由图 5-5 可以看出，AESMF 算法的估计值基本等同于真值，估计结果误差较小，精度很高，验证了算法的可行性。且系统状态集的上下界完美包裹了系统实际值，使得系统真值 100%存在于系统椭球集中。为了进一步分析 AESMF 算法的估计性能，适当增大系统噪声区间，并将其与普通 ESMF 算法比较，结果如图 5-6 所示。

如图 5-6 所示，AESMF 算法和 ESMF 算法相比更加贴近真实值，估计精度更高，这是因为引入自适应算法优化了迭代过程，提高了迭代的收敛精度和收敛速度，不至于同一般扩展集员滤波算法迭代发散导致估计结果偏离真实值

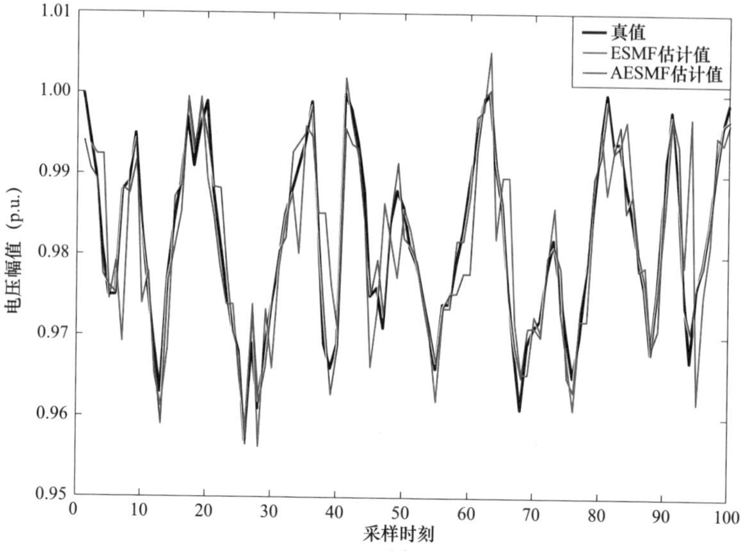

(a)

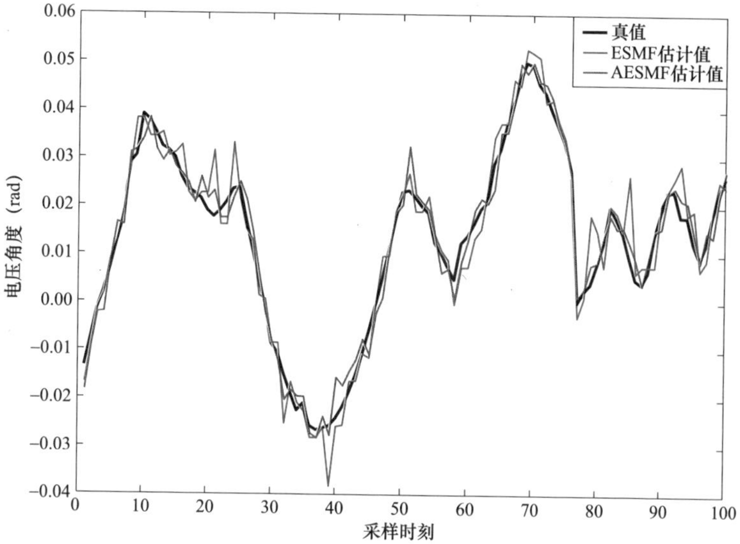

(b)

图 5－6　ESMF 和 AESMF 算法比较结果

（a）电压幅值；（b）电压相角

或未满足收敛判据时已达到迭代次数。为了更加直观地比较扩展集员滤波算法和自适应扩展集员滤波算法的估计精度，使用均方根误差作为系能指标函数，均方根误差越小则表明估计值和真实值越接近，均方根误差越大则表明估计值和真实值相差越大，N 次采样的均方根误差为

$$RMSE=\sqrt{\frac{\sum_{k=1}^{N}\sum_{i=1}^{n}(x_{k,i}-\hat{x}_{k,i})^2}{N}} \tag{5-36}$$

式中　$x_{k,i}$——k 采样时刻状态量的第 i 个分量的实际值；

$\hat{x}_{k,i}$——k 采样时刻状态量第 i 个分量的估计值；

n——状态量的维数。

模拟运行 100 次，得到这两种算法的均方根误差，如图 5-7 所示。

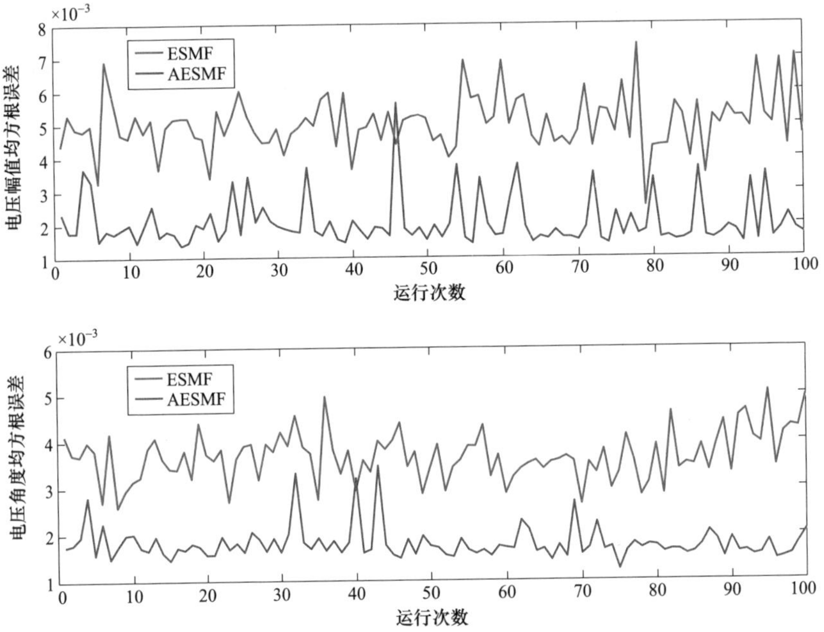

图 5-7　均方根误差

由图 5-7 可知，自适应扩展集员滤波算法的均方根误差远远小于普通扩展集员滤波算的均方根误差，具有更优越的估计性能，数值精度高。此外，自适应扩展集员滤波算法的实时性稍加优秀，模拟运行 1000 次，普通扩展集员滤波算的总运行时间为 14.43s，单次平均运行时间为 0.014 43s；自适应扩展集员滤波算法的总运行时间为 14.28s，平均单次运行时间为 0.001 428s。这是因为自适应扩展集员滤波算法通过引入自适应程序调整迭代过程使迭代次数减少，数据快速收敛。虽然单节点的单次平均运行时间相差不大，但当配电网的节点数目庞大时，自适应扩展集员滤波算法将显现出更大优势。

第6章

三相不平衡配电系统两阶段可靠状态估计

在日常生产、生活及施工中，用电单位或施工单位往往只考虑配电线路的承载量，而忽视如何将配电线路三相负荷合理分配，可能会导致三相所带负载相差太大，会导致三相电流不平衡，进而导致三相负荷的不平衡。本章提出了一种三相不平衡配电系统的两阶段可靠状态估计方法，首先根据低精度的节点负荷伪量测进行不确定性潮流计算，采用基于仿射算术的三相前推回代潮流计算得到所有节点电压的初始区间；然后以高精度的实时量测作为更严格的约束对初始区间进行进一步压缩，采用凹凸性包络技术构造原问题的等价线性松弛问题，通过求解一系列线性规划问题得到包含系统真实状态的最小区间。

6.1　三相可靠状态估计基本模型

首先，以直角坐标系下每个节点的各相电压实部、虚部上下限为目标，以所有节点负荷伪量测和实时量测为约束，对配电系统三相可靠状态估计建立如下基本数学优化模型，共需要求解 $2(n_a+n_b+n_c)$ 个二次约束二次规划 $QCQP$ 问题，n_a、n_b、n_c 为 A、B、C 相节点数

$$\begin{aligned} QCQP: & \max_{i=1,\cdots,2(n_\varphi-1),\varphi\in\{a,b,c\}}(\min) \quad e_i^\varphi(f_i^\varphi) \\ & \text{subject to} \quad \underline{z^i} \leqslant h_i(x) \leqslant \overline{z^i} \end{aligned} \tag{6-1}$$

$$P_i^\varphi = \sum_{j\in\Omega_i}\sum_{\psi\in\{a,b,c\}}\left[e_i^\varphi(G_{ij}^{\varphi\psi}e_j^\psi - B_{ij}^{\varphi\psi}f_j^\psi)+f_i^\varphi(G_{ij}^{\varphi\psi}f_j^\psi + B_{ij}^{\varphi\psi}e_j^\psi)\right] \tag{6-2}$$

$$Q_i^\varphi = \sum_{j\in\Omega_i}\sum_{\psi\in\{a,b,c\}}\left[f_i^\varphi(G_{ij}^{\varphi\psi}e_j^\psi - B_{ij}^{\varphi\psi}f_j^\psi)-e_i^\varphi(G_{ij}^{\varphi\psi}f_j^\psi + B_{ij}^{\varphi\psi}e_j^\psi)\right] \tag{6-3}$$

$$\begin{aligned}P_{ij}^\varphi = e_i^\varphi &\sum_{\psi\in\{a,b,c\}}\left[g_{ij}^{\varphi\psi}(e_i^\psi - e_j^\psi)-b_{ij}^{\varphi\psi}(f_i^\psi - f_j^\psi)\right]\\ &+f_i^\varphi\sum_{\psi\in\{a,b,c\}}\left[g_{ij}^{\varphi\psi}(f_i^\psi - f_j^\psi)+b_{ij}^{\varphi\psi}(e_i^\psi - e_j^\psi)\right]\end{aligned} \tag{6-4}$$

$$\begin{aligned}Q_{ij}^\varphi = f_i^\varphi &\sum_{\psi\in\{a,b,c\}}\left[g_{ij}^{\varphi\psi}(e_i^\psi - e_j^\psi)-b_{ij}^{\varphi\psi}(f_i^\psi - f_j^\psi)\right]\\ &-e_i^\varphi\sum_{\psi\in\{a,b,c\}}\left[g_{ij}^{\varphi\psi}(f_i^\psi - f_j^\psi)+b_{ij}^{\varphi\psi}(e_i^\psi - e_j^\psi)\right]\end{aligned} \tag{6-5}$$

$$V_i^\varphi = e_i^\varphi e_i^\varphi + f_i^\varphi f_i^\varphi \tag{6-6}$$

$$e_i^\varphi = (e_i^\varphi)^{ref}, f_i^\varphi = (f_i^\varphi)^{ref}, i\in N_{REF} \tag{6-7}$$

式中　e_i^φ、f_i^φ——节点 i 的 φ 相电压实部和虚部；

n_φ——φ 相节点数；

$\underline{z}^i$、$\overline{z}^i$——第 i 个量测的下界和上界；

$h_i(x)$——第 i 个量测方程；

P_i^φ、Q_i^φ、V_i^φ——节点 i 的有功、无功负荷伪量测和电压幅值量测；

P_{ij}^φ、Q_{ij}^φ——支路 $i-j$ 的有功、无功实时功率量测；

$G_{ij}^{\varphi\psi}$、$B_{ij}^{\varphi\psi}$——三相节点导纳矩阵中对应节点 i 的 φ 相和节点 j 的 ψ 相的元素；

$g_{ij}^{\varphi\psi}$、$b_{ij}^{\varphi\psi}$——支路 $i-j$ 的 φ 相和 ψ 相间电导和电纳；

N_{REF}——平衡节点集合。

6.2　第一阶段——配电系统三相仿射潮流计算

6.2.1　区间和仿射算术

区间算术也称区间分析，是定义在区间上的一组运算规则。其主要特点是能处理不确定数据。区间算术的缺点就是所得到的区间常常比实际范围大得多，所以提出了仿射算术的概念，仿射算术能自动记录各个不确定量之间的依赖关系，因此，仿射算术能得到比区间算术紧得多的区间。

6.2.1.1　区间算术

定义区间数 $[x]=[\underline{x},\overline{x}]$ 为满足 $\underline{x}\leqslant x\leqslant\overline{x}$ 的所有 x 的集合，即

$$[x]=[\underline{x},\overline{x}]:=\{x\in\boldsymbol{R}\mid\underline{x}\leqslant x\leqslant\overline{x}\}\tag{6-8}$$

其中　$\underline{x}\in R,\overline{x}\in R$，且 $\underline{x}\leqslant\overline{x}$

式中　$\underline{x}$，$\overline{x}$——x 的下限和上限；

R——实数集。

当 $\underline{x}=\overline{x}$ 时，x 退化为点。

区间算术运算是封闭的，但它的代数性质与实数运算有所区别。区间加法和乘法的交换律、结合律仍然成立。加法、乘法交换律、加法、乘法结合律，但一般不符合乘法对加法的分配律。由于区间运算不满足乘法对加法的分配律，导致了区间运算的超宽度。区间运算虽然不满足乘法对加法的分配律，但满足乘法对加法的次分配律。区间数的四则运算如下

$$[x]+[y]=[\underline{x}+\underline{y},\overline{x}+\overline{y}]\tag{6-9}$$

$$[x]-[y]=[\underline{x}-\overline{y},\overline{x}-\underline{y}]\tag{6-10}$$

$$[x]\cdot[y]=[\min(\underline{x}\cdot\underline{y},\ \underline{x}\cdot\overline{y},\ \overline{x}\cdot\underline{y},\ \overline{x}\cdot\overline{y}),\max(\underline{x}\cdot\underline{y},\ \underline{x}\cdot\overline{y},\ \overline{x}\cdot\underline{y},\ \overline{x}\cdot\overline{y})]\tag{6-11}$$

$$[x]/[y]=[\underline{x},\overline{x}]\cdot[1/\overline{y},1/\underline{y})],\ \ 0\notin[y]\tag{6-12}$$

6.2.1.2　仿射算术

区间运算存在包裹效应，尤其在长计算链中产生很大的保守性。仿射算术能够记录变量的相关性，克服保守性问题。

在仿射数学中，将不确定量用一个仿射形式的线性多项式来表示，记为 $\hat{x}$

$$\hat{x}=x_0+x_1\varepsilon_1+x_2\varepsilon_2+\cdots+x_n\varepsilon_n=x_0+\sum_{i=1}^{n}x_i\varepsilon_i\tag{6-13}$$

式中　x_i——实数系数；

ε_i——噪声元标记，其取值在区间［－1, 1］中；

x_0——中心值，类似于区间数中的中值。仿射数学中，乘除运算会产生新的噪声元。仿射数的四则运算如下

$$\hat{x} \pm \hat{y} = (x_0 \pm y_0) + (x_1 \pm y_1)\varepsilon_1 + \cdots + (x_n \pm y_n)\varepsilon_n \tag{6-14}$$

$$\alpha\hat{x} = \alpha x_0 + \alpha\sum_{i=1}^{n} x_i\varepsilon_i \tag{6-15}$$

$$\hat{x} \pm \alpha = (x_0 \pm \alpha) + \sum_{i=1}^{n} x_i\varepsilon_i \tag{6-16}$$

$$\begin{aligned}\hat{x} \times \hat{y} &= (x_0 + \sum_{i=1}^{n} x_i\varepsilon_i) \times (y_0 + \sum_{i=1}^{n} y_i\varepsilon_i) \\ &= x_0 y_0 + \sum_{i=1}^{n}(x_0 y_i + y_0 x_i)\varepsilon_i + \sum_{i=1}^{n}(x_i\varepsilon_i) \times \sum_{i=1}^{n}(y_i\varepsilon_i)\end{aligned} \tag{6-17}$$

区间数通过增加噪声元标记信息可以转换为仿射数，假设一个区间数 $[x]=[\underline{x}, \overline{x}]$，若取 $x_0 = (\underline{x} + \overline{x})/2$， $x_{new} = (\overline{x} - \underline{x})/2$，则［$x$］转化为仿射形式为

$$\hat{x} = x_0 + x_{new}\varepsilon_{new} \tag{6-18}$$

仿射数 $\hat{x} = x_0 + x_1\varepsilon_1 + \cdots + x_n\varepsilon_n$ 转化为相应的区间数为

$$x = [x_0 - rad(\hat{x}),\ x_0 + rad(\hat{x})], rad(\hat{x}) = \sum_{i=1}^{n} |x_i| \tag{6-19}$$

需要指出的是，仿射数至区间数的转换是不可逆的。在仿射数转换为区间数的过程中，会丢失噪声元标记信息。仿射数可以看作是增加了信息的区间数，正因为增加了这样的信息，仿射数在计算中具有保守性更小的优势。

仿射型的联合区域：两个具有共同噪声元的仿射型，具有一定的相关性，相关性大小取决于共同噪声元的系数，考虑如下仿射型 $\hat{x}$ 和 $\hat{y}$

$$\begin{aligned}\hat{x} &= 20 - 4\varepsilon_1 \qquad + 2\varepsilon_3 + 3\varepsilon_4 \\ \hat{y} &= 10 - 2\varepsilon_1 + 1\varepsilon_2 \qquad - 1\varepsilon_4\end{aligned}$$

仿射型 $\hat{x}$ 和 $\hat{y}$ 的范围分别为型 $\hat{x}$ =［11，29］，$\hat{y}$ =［6，14］，即当所有噪声元在区间［−1，1］内随机取值时，数对（x，y）位于图中浅灰色区域内。然而，由于仿射型存在共同的噪声元 ε_1 和 ε_4，二者不是完全独立的，数对（x，y）实际上位于图 6−1 中的深灰色区域内，该区域是一个以点（x_0，y_0）中心对称的凸多边形，边数为噪声元数量 n 的两倍 $2n$，顶点为各噪声元取端点 −1 和 1 的所有组合所取得的点。

6.2.1.3 区间与仿射数学对比

考虑两个仿射数相乘

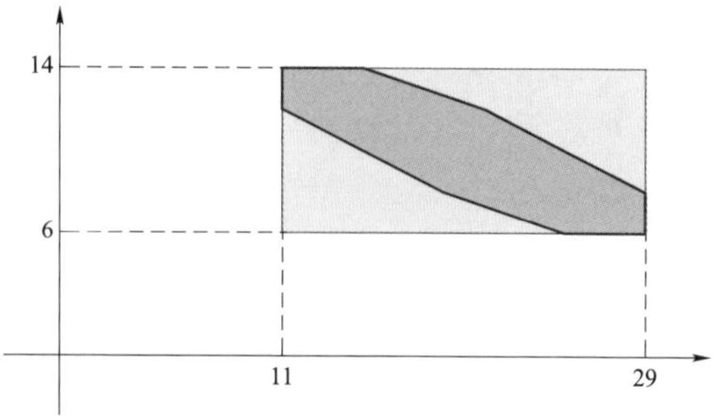

图 6-1　具有相关性的仿射型 $\hat{x}$ 和 $\hat{y}$ 的联合区域 $\langle \hat{x}, \hat{y} \rangle$

$$\hat{z}=\hat{x}\hat{y}, \hat{x}=30-4\varepsilon_1+2\varepsilon_2, \hat{y}=20+3\varepsilon_1+1\varepsilon_3$$

若采用仿射计算

$$\begin{aligned}\hat{z}=\hat{x}\hat{y}&=(30-4\varepsilon_1+2\varepsilon_2)(20+3\varepsilon_1+1\varepsilon_3)\\&=600+30(3\varepsilon_1+1\varepsilon_3)+20(-4\varepsilon_1+2\varepsilon_2)+(-4\varepsilon_1+2\varepsilon_2)(3\varepsilon_1+1\varepsilon_3)\\&=600+10\varepsilon_1+40\varepsilon_2+30\varepsilon_3+24\varepsilon_4\end{aligned}$$

结果为[496，704]，是真实范围[528，675]的（704 - 496）/（675 - 528）= 1.42 倍。

若采用区间计算：$[z]=[x]\cdot[y]=[24,36]\cdot[16,24]=[384,864]$，是真实范围［528，675］的（864 - 384）/（675 - 528）= 3.26 倍。

区间计算结果存在着很大的误差，主要是由区间数的相关性问题引起的。在上例的计算过程中，乘法两项含有共同的噪声元 ε_1，仿射计算中，$90\varepsilon_1$ 和 $-80\varepsilon_1$ 存在正负相加抵消，而区间运算却以相同的符号计算区间端点，忽略了变量的相关性，导致区间计算结果有过大的超宽度。

由上例可见，仿射数学利用噪声元标记表示各不确定变量之间的相互联系，通过引入不确定量之间的相关性，得到了比区间数更精确的解，更具优越性。

6.2.2　仿射前推回代潮流计算

将基本配电系统三相前推回代潮流计算中的三相电压、三相电流、三相功率均用其仿射型代替，得到仿射前推回代潮流算法。具体计算过程如下：

首先，将所有节点负荷伪量测转换为对应的仿射型

$$\begin{bmatrix}\hat{P}_i^a\\ \hat{P}_i^b\\ \hat{P}_i^c\end{bmatrix}=\begin{bmatrix}P_{i,0}^a\\ P_{i,0}^b\\ P_{i,0}^c\end{bmatrix}+\begin{bmatrix}P_{i,1}^a\varepsilon_{Pi}^a\\ P_{i,1}^b\varepsilon_{Pi}^b\\ P_{i,1}^c\varepsilon_{Pi}^c\end{bmatrix},\begin{bmatrix}\hat{Q}_i^a\\ \hat{Q}_i^b\\ \hat{Q}_i^c\end{bmatrix}=\begin{bmatrix}Q_{i,0}^a\\ Q_{i,0}^b\\ Q_{i,0}^c\end{bmatrix}+\begin{bmatrix}Q_{i,1}^a\varepsilon_{Qi}^a\\ Q_{i,1}^b\varepsilon_{Qi}^b\\ Q_{i,1}^c\varepsilon_{Qi}^c\end{bmatrix},\begin{bmatrix}\hat{S}_i^a\\ \hat{S}_i^b\\ \hat{S}_i^c\end{bmatrix}=\begin{bmatrix}\hat{P}_i^a+\mathrm{j}\hat{Q}_i^a\\ \hat{P}_i^b+\mathrm{j}\hat{Q}_i^b\\ \hat{P}_i^c+\mathrm{j}\hat{Q}_i^c\end{bmatrix} \tag{6-20}$$

式中 $\hat{P}_i^{\varphi}$，$\hat{Q}_i^{\varphi}$，$\hat{S}_i^{\varphi}$——节点 i 的 φ 相有功、无功和视在功率伪量测的仿射型；

$P_{i,0}^{\varphi}$，$Q_{i,0}^{\varphi}$——节点 i 的 φ 相有功、无功功率伪量测点值；

$\varepsilon_{Pi}^{\varphi}$，$\varepsilon_{Qi}^{\varphi}$——节点 i 的 φ 相有功、无功功率噪声元，在区间［−1，1］内取值；

$P_{i,1}^{\varphi}$，$Q_{i,1}^{\varphi}$——噪声元系数，表征不确定性幅度。

$\varphi\in\{a,b,c\}$。

仿射前推回代潮流计算包括三步：

（1）节点注入电流计算

$$\begin{bmatrix}\hat{I}_i^{a(k)}\\ \hat{I}_i^{b(k)}\\ \hat{I}_i^{c(k)}\end{bmatrix}=\begin{bmatrix}(\hat{S}_i^a/\hat{V}_i^{a(k-1)})^*\\ (\hat{S}_i^b/\hat{V}_i^{b(k-1)})^*\\ (\hat{S}_i^c/\hat{V}_i^{c(k-1)})^*\end{bmatrix}-\begin{bmatrix}(Y_i^a)^* & & \\ & (Y_i^b)^* & \\ & & (Y_i^c)^*\end{bmatrix}\begin{bmatrix}\hat{V}_i^{a(k-1)}\\ \hat{V}_i^{b(k-1)}\\ \hat{V}_i^{c(k-1)}\end{bmatrix} \tag{6-21}$$

式中 $\hat{I}_i^{\varphi(k)}$——第 k 次迭代中节点 i 的 φ 相注入电流仿射型；

$\hat{V}_i^{\varphi(k-1)}$——第 $k-1$ 次迭代中节点 i 的 φ 相仿射电压计算值；

Y_i^{φ}——节点 i 的 φ 相对地并联导纳；

$(\cdot)^*$——复共轭运算符，k 迭代序号。

$\varphi\in\{a,b,c\}$。

（2）回代过程：从末端支路开始，根据各节点注入电流和基尔霍夫电流定律，计算各支路始端每相电流仿射值

$$\begin{bmatrix}\hat{I}_{ij}^{a(k)}\\ \hat{I}_{ij}^{b(k)}\\ \hat{I}_{ij}^{c(k)}\end{bmatrix}=-\begin{bmatrix}\hat{I}_j^{a(k)}\\ \hat{I}_j^{b(k)}\\ \hat{I}_j^{c(k)}\end{bmatrix}+\sum_{m\in A_i}\begin{bmatrix}\hat{I}_{jm}^{a\ (k)}\\ \hat{I}_{jm}^{b\ (k)}\\ \hat{I}_{jm}^{c\ (k)}\end{bmatrix} \tag{6-22}$$

式中 $\hat{I}_{ij}^{\varphi(k)}$、$\hat{I}_{jm}^{\varphi\ (k)}$——第 k 次迭代中支路 $i-j$、$j-m$ 的 φ 相电流仿射型；

A_i——与节点 j 相连的下游节点集合。

$\varphi\in\{a,b,c\}$。

（3）前推过程：从根节点开始向末节点，利用始端三相电压和线路三相电流更新各支路末端每相电压仿射值

$$\begin{bmatrix}\hat{V}_j^{a(k)}\\\hat{V}_j^{b(k)}\\\hat{V}_j^{c(k)}\end{bmatrix}=\begin{bmatrix}\hat{V}_i^{a(k)}\\\hat{V}_i^{b(k)}\\\hat{V}_i^{c(k)}\end{bmatrix}-\begin{bmatrix}z_{aa}^{ij} & z_{ab}^{ij} & z_{ac}^{ij}\\z_{ab}^{ij} & z_{bb}^{ij} & z_{bc}^{ij}\\z_{ac}^{ij} & z_{bc}^{ij} & z_{cc}^{ij}\end{bmatrix}\begin{bmatrix}\hat{I}_{ij}^{a(k)}\\\hat{I}_{ij}^{b(k)}\\\hat{I}_{ij}^{c(k)}\end{bmatrix} \tag{6-23}$$

式中　3×3 矩阵——线路 $i-j$ 的三相阻抗矩阵。

收敛判断：迭代收敛判据为各节点每相电压的上下界相对于上一次迭代的数值偏差都小于允许值

$$\begin{aligned}&\max\left(\left|\overline{e}_i^{\varphi(k)}-\overline{e}_i^{\varphi(k-1)}\right|,\left|\underline{e}_i^{\varphi(k)}-\underline{e}_i^{\varphi(k-1)}\right|\right)<\varepsilon\\&\max\left(\left|\overline{f}_i^{\varphi(k)}-\overline{f}_i^{\varphi(k-1)}\right|,\left|\underline{f}_i^{\varphi(k)}-\underline{f}_i^{\varphi(k-1)}\right|\right)<\varepsilon\end{aligned} \tag{6-24}$$

其中，$i=2$，…，n，$\varepsilon=1\mathrm{e}-4$。

6.3　第二阶段——线性松弛优化

6.3.1　非凸二次规划问题的线性松弛方法

考虑如下有界凸域上的非凸二次约束二次规划问题

$$\begin{aligned}(QCQP)\min\ &\boldsymbol{x}^{\mathrm{T}}\boldsymbol{Q}_0 x+\boldsymbol{c}_0^{\mathrm{T}}\boldsymbol{x}+\boldsymbol{a}_0\\ s.t.\ &\boldsymbol{x}^{\mathrm{T}}\boldsymbol{Q}_j\boldsymbol{x}+\boldsymbol{c}_j^{\mathrm{T}}\boldsymbol{x}+\boldsymbol{a}_j\leqslant\boldsymbol{b}_j, j=1,\cdots,m\\ &l_i\leqslant x_i\leqslant u_i, i=1,\cdots,2n\end{aligned} \tag{6-25}$$

上述问题通常采用分支定界算法求解，其基本思想是通过对问题初始可行域逐次剖分（即分支过程），同时构造并计算相应的松弛问题确定最优值的下界，通过求解一系列的松弛问题产生一个单调递增的下界序列（即定界过程），并通过探测松弛问题最优解及所考查区域端点或中点的可行性，构造问题的一个单调递减的上界序列，当问题全局最优值的上界与下界的差满足终止性误差条件时，算法终止，从而得到所求问题的全局最优解；否则算法继续迭代下去。

对于定义在区域 $\Omega=\{l<x<L,\ m<y<M\}\subset\mathcal{R}^2$ 内的双线性函数 xy，其凸包络和凹包络如下

$$Vex_{\Omega}[xy]=\max\{mx+ly-lm,Mx+Ly-LM\} \tag{6-26}$$

$$Cav_{\Omega}[xy]=\min\{Mx+ly-lM,mx+Ly-Lm\} \tag{6-27}$$

对于原 QCQP 问题，采用线性重构技术（reformulation linearization technique，RLT），引入双线性辅助变量 $\boldsymbol{Z}=\boldsymbol{x}\boldsymbol{x}^{\mathrm{T}}\in\mathcal{R}^{2n\times 2n}$ 取代目标函数和约束条件中的二次项，并对每个新增变量添加凹凸性包络约束条件，从而原 QCQP 问题松弛为如下线性规划问题

$$\begin{aligned}
&(LR-QCQP)\min \boldsymbol{Q}_0\bullet\boldsymbol{X}+c_0^{\mathrm{T}}\boldsymbol{x}+a_0\\
&\qquad s.t.\ \ \boldsymbol{Q}_j\bullet\boldsymbol{X}+c_j^{\mathrm{T}}\boldsymbol{x}+a_j\leqslant b_j, j=1,\cdots,m\\
&\qquad\quad l_i\leqslant x_i\leqslant u_i, i=1,\cdots,2n\\
&\qquad\quad X_{ij}-mx-ly+lm\geqslant 0\\
&\qquad\quad X_{ij}-Mx-Ly+LM\geqslant 0\\
&\qquad\quad X_{ij}-Mx-ly+lM\leqslant 0\\
&\qquad\quad X_{ij}-mx-Ly+Lm\leqslant 0
\end{aligned} \tag{6-28}$$

在分支定界过程中，对每个节点求解上述线性松弛问题，得到目标函数的上下界。

6.3.2 三相变量扩张

将所有基本模型中的二次项作为辅助变量，从而决策变量扩张为所有节点各相电压实部、虚部和辅助变量。由于电力网络中每个节点仅与有限条支路相连，因此辅助变量仅存在于每个节点各相之间和直接相连的节点对的各相之间。与输电系统单相模型相比，配电系统三相耦合产生了更复杂的节点电压实部、虚部组合形式，分析如下。

与节点相对应的三相辅助变量如下

$$\begin{bmatrix}\boldsymbol{R} & \boldsymbol{K}\\ & \boldsymbol{H}\end{bmatrix}=\left[\begin{array}{ccc:ccc}
R_i^{aa} & R_i^{ab} & R_i^{ac} & K_i^{aa} & K_i^{ab} & K_i^{ac}\\
 & R_i^{bb} & R_i^{bc} & K_i^{ba} & K_i^{bb} & K_i^{bc}\\
 & & R_i^{cc} & K_i^{ca} & K_i^{cb} & K_i^{cc}\\ \hdashline
 & & & H_i^{aa} & H_i^{ab} & H_i^{ac}\\
 & & & & H_i^{bb} & H_i^{bc}\\
 & & & & & H_i^{cc}
\end{array}\right]=\left[\begin{array}{ccc:ccc}
e_i^a e_i^a & e_i^a e_i^b & e_i^a e_i^c & e_i^a f_i^a & e_i^a f_i^b & e_i^a f_i^c\\
 & e_i^b e_i^b & e_i^b e_i^c & e_i^b f_i^a & e_i^b f_i^b & e_i^b f_i^c\\
 & & e_i^c e_i^c & e_i^c f_i^a & e_i^c f_i^b & e_i^c f_i^c\\ \hdashline
 & & & f_i^a f_i^a & f_i^a f_i^b & f_i^a f_i^c\\
 & & & & f_i^b f_i^b & f_i^b f_i^c\\
 & & & & & f_i^c f_i^c
\end{array}\right] \tag{6-29}$$

矩阵包含 21 项，对于整个系统，每一项 $R_i^{\varphi\psi}$ 、$K_i^{\varphi\psi}$ 、$H_i^{\varphi\psi}$ 均对应一个一维辅助变量数组，数组长度为 $n_{\varphi\psi}$，即同时存在 φ 相、ψ 相的节点数量。与节点相关的辅助变量数量为 $N\_Bus=3n_a+3n_b+3n_c+4n_{ab}+4n_{ac}+4n_{bc}$。

与支路对应的三相辅助变量如下

$$\begin{bmatrix} \boldsymbol{X} & \boldsymbol{M} \\ \boldsymbol{N} & \boldsymbol{Y} \end{bmatrix}=\left[\begin{array}{ccc|ccc} X_{ij}^{aa} & X_{ij}^{ab} & X_{ij}^{ac} & M_{ij}^{aa} & M_{ij}^{ab} & M_{ij}^{ac} \\ X_{ij}^{ba} & X_{ij}^{bb} & X_{ij}^{bc} & M_{ij}^{ba} & M_{ij}^{bb} & M_{ij}^{bc} \\ X_{ij}^{ca} & X_{ij}^{cb} & X_{ij}^{cc} & M_{ij}^{ca} & M_{ij}^{cb} & M_{ij}^{cc} \\ \hline N_{ij}^{aa} & N_{ij}^{ab} & N_{ij}^{ac} & Y_{ij}^{aa} & Y_{ij}^{ab} & Y_{ij}^{ac} \\ N_{ij}^{ba} & N_{ij}^{bb} & N_{ij}^{bc} & Y_{ij}^{ba} & Y_{ij}^{bb} & Y_{ij}^{bc} \\ N_{ij}^{ca} & N_{ij}^{cb} & N_{ij}^{cc} & Y_{ij}^{ca} & Y_{ij}^{cb} & Y_{ij}^{cc} \end{array}\right]$$

$$=\left[\begin{array}{ccc|ccc} e_i^a e_j^a & e_i^a e_j^b & e_i^a e_j^c & e_i^a f_j^a & e_i^a f_j^b & e_i^a f_j^c \\ e_i^b e_j^a & e_i^b e_j^b & e_i^b e_j^c & e_i^b f_j^a & e_i^b f_j^b & e_i^b f_j^c \\ e_i^c e_j^a & e_i^c e_j^b & e_i^c e_j^c & e_i^c f_j^a & e_i^c f_j^b & e_i^c f_j^c \\ \hline f_i^a e_j^a & f_i^a e_j^b & f_i^a e_j^c & f_i^a f_j^a & f_i^a f_j^b & f_i^a f_j^c \\ f_i^b e_j^a & f_i^b e_j^b & f_i^b e_j^c & f_i^b f_j^a & f_i^b f_j^b & f_i^b f_j^c \\ f_i^c e_j^a & f_i^c e_j^b & f_i^c e_j^c & f_i^c f_j^a & f_i^c f_j^b & f_i^c f_j^c \end{array}\right] \tag{6-30}$$

矩阵包含 36 项，对于整个系统，每一项 $X_{ij}^{\varphi\psi}$ 、$Y_{ij}^{\varphi\psi}$ 、$M_{ij}^{\varphi\psi}$ 、$N_{ij}^{\varphi\psi}$ 均对应一个一维辅助变量数组，数组长度为 $s_{\varphi\psi}$，即同时存在 φ 相、ψ 相的支路数量。辅助变量数量为 $N\_Line=4$（$s_a+s_b+s_c+2s_{ab}+2s_{ac}+2s_{bc}$）。

线性松弛模型总变量数为 N_Bus+N_Line+2（$n_a+n_b+n_c$）。

6.3.3　线性松弛优化模型

基本模型目标函数为变量自身，无需采用分支定界技术，直接求解线性松弛问题即可，仅相当于分支定界过程中的定界过程。

模型目标为每个节点每相电压的实部或虚部最大或最小

$$LR-QCQP:\ \max_{i=1,\cdots,2n^{\varphi},\varphi\in\{a,b,c\}}(\min)\ \ e_i^{\varphi}(f_i^{\varphi}) \tag{6-31}$$

模型约束包括节点负荷伪量测约束、支路功率约束、节点电压幅值约束，三相辅助变量包络约束及节点电压实部虚部上下界约束，具体如下

$$\underline{P}_i^{\varphi}\leqslant P_i^{\varphi}=\sum_{j\in\Omega_i}\sum_{\psi\in\{a,b,c\}}(G_{ij}^{\varphi\psi}X_{ij}^{\varphi\psi}-B_{ij}^{\varphi\psi}M_{ij}^{\varphi\psi}+G_{ij}^{\varphi\psi}Y_{ij}^{\varphi\psi}+B_{ij}^{\varphi\psi}N_{ij}^{\varphi\psi})\leqslant\overline{P}_i^{\varphi} \tag{6-32}$$

$$\underline{Q}_i^{\varphi} \leqslant Q_i^{\varphi} = \sum_{j\in\Omega_i}\sum_{\psi\in\{a,b,c\}}(G_{ij}^{\varphi\psi}N_{ij}^{\varphi\psi} - B_{ij}^{\varphi\psi}Y_{ij}^{\varphi\psi} - G_{ij}^{\varphi\psi}M_{ij}^{\varphi\psi} - B_{ij}^{\varphi\psi}X_{ij}^{\varphi\psi}) \leqslant \overline{Q}_i^{\varphi} \tag{6-33}$$

$$\begin{aligned}\underline{P}_{ij}^{\varphi} \leqslant P_{ij}^{\varphi} = &\sum_{\psi\in\{a,b,c\}}\left[g_{ij}^{\varphi\psi}(R_i^{\varphi\psi} - X_{ij}^{\varphi\psi}) - b_{ij}^{\varphi\psi}(K_i^{\varphi\psi} - M_{ij}^{\varphi\psi})\right] \\ &+ \sum_{\psi\in\{a,b,c\}}\left[g_{ij}^{\varphi\psi}(H_i^{\varphi\psi} - Y_{ij}^{\varphi\psi}) + b_{ij}^{\varphi\psi}(K_i^{\psi\varphi} - N_{ij}^{\varphi\psi})\right] \leqslant \overline{P}_{ij}^{\varphi}\end{aligned} \tag{6-34}$$

$$\begin{aligned}\underline{Q}_{ij}^{\varphi} \leqslant Q_{ij}^{\varphi} = &\sum_{\psi\in\{a,b,c\}}\left[g_{ij}^{\varphi\psi}(K_i^{\psi\varphi} - N_{ij}^{\varphi\psi}) - b_{ij}^{\varphi\psi}(K_i^{\varphi\psi} - Y_{ij}^{\varphi\psi})\right] \\ &- \sum_{\psi\in\{a,b,c\}}\left[g_{ij}^{\varphi\psi}(K_i^{\varphi\psi} - M_{ij}^{\varphi\psi}) + b_{ij}^{\varphi\psi}(R_i^{\varphi\psi} - X_{ij}^{\varphi\psi})\right] \leqslant \overline{Q}_{ij}^{\varphi}\end{aligned} \tag{6-35}$$

$$\underline{V_i^{\varphi}} \leqslant V_i^{\varphi} = R_i^{\varphi\varphi} + H_i^{\varphi\varphi} \leqslant \overline{V}_i^{\varphi} \tag{6-36}$$

$$e_i^{\varphi} = (e_i^{\varphi})^{ref},\ f_i^{\varphi} = (f_i^{\varphi})^{ref},\ i\in N_{REF} \tag{6-37}$$

$$\left.\begin{aligned}X_l^{\varphi\psi} - \underline{e}_i^{\varphi}e_j^{\psi} - \underline{e}_j^{\psi}e_i^{\varphi} + \underline{e}_i^{\varphi}\underline{e}_j^{\psi} \geqslant 0, l\in\mathcal{L} \\ X_l^{\varphi\psi} - \overline{e}_i^{\varphi}e_j^{\psi} - \overline{e}_j^{\psi}e_i^{\varphi} + \overline{e}_i^{\varphi}\overline{e}_j^{\psi} \geqslant 0, l\in\mathcal{L} \\ X_l^{\varphi\psi} - \underline{e}_i^{\varphi}e_j^{\psi} - \overline{e}_j^{\psi}e_i^{\varphi} + \underline{e}_i^{\varphi}\overline{e}_j^{\psi} \leqslant 0, l\in\mathcal{L} \\ X_l^{\varphi\psi} - \overline{e}_i^{\varphi}e_j^{\psi} - \underline{e}_j^{\psi}e_i^{\varphi} + \overline{e}_i^{\varphi}\underline{e}_j^{\psi} \leqslant 0, l\in\mathcal{L}\end{aligned}\right\} \tag{6-38}$$

$$\left.\begin{aligned}Y_l^{\varphi\psi} - \underline{f}_i^{\varphi}f_j^{\psi} - \underline{f}_j^{\psi}f_i^{\varphi} + \underline{f}_i^{\varphi}\underline{f}_j^{\psi} \geqslant 0, l\in\mathcal{L} \\ Y_l^{\varphi\psi} - \overline{f}_i^{\varphi}f_j^{\psi} - \overline{f}_j^{\psi}f_i^{\varphi} + \overline{f}_i^{\varphi}\overline{f}_j^{\psi} \geqslant 0, l\in\mathcal{L} \\ Y_l^{\varphi\psi} - \underline{f}_i^{\varphi}f_j^{\psi} - \overline{f}_j^{\psi}f_i^{\varphi} + \underline{f}_i^{\varphi}\overline{f}_j^{\psi} \leqslant 0, l\in\mathcal{L} \\ Y_l^{\varphi\psi} - \overline{f}_i^{\varphi}f_j^{\psi} - \underline{f}_j^{\psi}f_i^{\varphi} + \overline{f}_i^{\varphi}\underline{f}_j^{\psi} \leqslant 0, l\in\mathcal{L}\end{aligned}\right\} \tag{6-39}$$

$$\left.\begin{aligned}M_l^{\varphi\psi} - \underline{e}_i^{\varphi}f_j^{\psi} - \underline{f}_j^{\psi}e_i^{\varphi} + \underline{e}_i^{\varphi}\underline{f}_j^{\psi} \geqslant 0, l\in\mathcal{L} \\ M_l^{\varphi\psi} - \overline{e}_i^{\varphi}f_j^{\psi} - \overline{f}_j^{\psi}e_i^{\varphi} + \overline{e}_i^{\varphi}\overline{f}_j^{\psi} \geqslant 0, l\in\mathcal{L} \\ M_l^{\varphi\psi} - \underline{e}_i^{\varphi}f_j^{\psi} - \overline{f}_j^{\psi}e_i^{\varphi} + \underline{e}_i^{\varphi}\overline{f}_j^{\psi} \leqslant 0, l\in\mathcal{L} \\ M_l^{\varphi\psi} - \overline{e}_i^{\varphi}f_j^{\psi} - \underline{f}_j^{\psi}e_i^{\varphi} + \overline{e}_i^{\varphi}\underline{f}_j^{\psi} \leqslant 0, l\in\mathcal{L}\end{aligned}\right\} \tag{6-40}$$

$$\left.\begin{aligned}N_l^{\varphi\psi} - \underline{f}_i^{\varphi}e_j^{\psi} - \underline{e}_j^{\psi}f_i^{\varphi} + \underline{f}_i^{\varphi}\underline{e}_j^{\psi} \geqslant 0, l\in\mathcal{L} \\ N_l^{\varphi\psi} - \overline{f}_i^{\varphi}e_j^{\psi} - \overline{e}_j^{\psi}f_i^{\varphi} + \overline{f}_i^{\varphi}\overline{e}_j^{\psi} \geqslant 0, l\in\mathcal{L} \\ N_l^{\varphi\psi} - \underline{f}_i^{\varphi}e_j^{\psi} - \overline{e}_j^{\psi}f_i^{\varphi} + \underline{f}_i^{\varphi}\overline{e}_j^{\psi} \leqslant 0, l\in\mathcal{L} \\ N_l^{\varphi\psi} - \overline{f}_i^{\varphi}e_j^{\psi} - \underline{e}_j^{\psi}f_i^{\varphi} + \overline{f}_i^{\varphi}\underline{e}_j^{\psi} \leqslant 0, l\in\mathcal{L}\end{aligned}\right\} \tag{6-41}$$

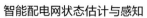

$$\left.\begin{aligned}
&R_i^{\varphi\psi}-\underline{e}_i^{\varphi}e_i^{\psi}-\underline{e}_i^{\psi}e_i^{\varphi}+\underline{e}_i^{\varphi}\underline{e}_i^{\psi}\geqslant 0,i\in\mathcal{B},\psi\geqslant\varphi\\
&R_i^{\varphi\psi}-\overline{e}_i^{\varphi}e_i^{\psi}-\overline{e}_i^{\psi}e_i^{\varphi}+\overline{e}_i^{\varphi}\overline{e}_i^{\psi}\geqslant 0,i\in\mathcal{B},\psi\geqslant\varphi\\
&R_i^{\varphi\psi}-\underline{e}_i^{\varphi}e_i^{\psi}-\overline{e}_i^{\psi}e_i^{\varphi}+\underline{e}_i^{\varphi}\overline{e}_i^{\psi}\leqslant 0,i\in\mathcal{B},\psi\geqslant\varphi\\
&R_i^{\varphi\psi}-\overline{e}_i^{\varphi}e_i^{\psi}-\underline{e}_i^{\psi}e_i^{\varphi}+\overline{e}_i^{\varphi}\underline{e}_i^{\psi}\leqslant 0,i\in\mathcal{B},\psi\geqslant\varphi
\end{aligned}\right\}\tag{6-42}$$

$$\left.\begin{aligned}
&H_i^{\varphi\psi}-\underline{f}_i^{\varphi}f_i^{\psi}-\underline{f}_i^{\psi}f_i^{\varphi}+\underline{f}_i^{\varphi}\underline{f}_i^{\psi}\geqslant 0,i\in\mathcal{B},\psi\geqslant\varphi\\
&H_i^{\varphi\psi}-\overline{f}_i^{\varphi}f_i^{\psi}-\overline{f}_i^{\psi}f_i^{\varphi}+\overline{f}_i^{\varphi}\overline{f}_i^{\psi}\geqslant 0,i\in\mathcal{B},\psi\geqslant\varphi\\
&H_i^{\varphi\psi}-\underline{f}_i^{\varphi}f_i^{\psi}-\overline{f}_i^{\psi}f_i^{\varphi}+\underline{f}_i^{\varphi}\overline{f}_i^{\psi}\leqslant 0,i\in\mathcal{B},\psi\geqslant\varphi\\
&H_i^{\varphi\psi}-\overline{f}_i^{\varphi}f_i^{\psi}-\underline{f}_i^{\psi}f_i^{\varphi}+\overline{f}_i^{\varphi}\underline{f}_i^{\psi}\leqslant 0,i\in\mathcal{B},\psi\geqslant\varphi
\end{aligned}\right\}\tag{6-43}$$

$$\left.\begin{aligned}
&K_i^{\varphi\psi}-\underline{e}_i^{\varphi}f_i^{\psi}-\underline{f}_i^{\psi}e_i^{\varphi}+\underline{e}_i^{\varphi}\underline{f}_i^{\psi}\geqslant 0,i\in\mathcal{B}\\
&K_i^{\varphi\psi}-\overline{e}_i^{\varphi}f_i^{\psi}-\overline{f}_i^{\psi}e_i^{\varphi}+\overline{e}_i^{\varphi}\overline{f}_i^{\psi}\geqslant 0,i\in\mathcal{B}\\
&K_i^{\varphi\psi}-\underline{e}_i^{\varphi}f_i^{\psi}-\overline{f}_i^{\psi}e_i^{\varphi}+\underline{e}_i^{\varphi}\overline{f}_i^{\psi}\leqslant 0,i\in\mathcal{B}\\
&K_i^{\varphi\psi}-\overline{e}_i^{\varphi}f_i^{\psi}-\underline{f}_i^{\psi}e_i^{\varphi}+\overline{e}_i^{\varphi}\underline{f}_i^{\psi}\leqslant 0,i\in\mathcal{B}
\end{aligned}\right\}\tag{6-44}$$

$$\underline{e}_i^{\varphi}\leqslant e_i^{\varphi}\leqslant\overline{e}_i^{\varphi},\underline{f}_i^{\varphi}\leqslant f_i^{\varphi}\leqslant\overline{f}_i^{\varphi},i\in\mathcal{B}\tag{6-45}$$

式中　$\mathcal{B}$、$\mathcal{L}$——母线和线路集合；

$\psi>\varphi$——a、b、c 三相中 ψ 相在 φ 相之后。

6.4　算　例　分　析

分别采用改进的 IEEE 13 节点和 123 节点算例进行了测试，该配电系统算例均为三相不平衡系统，存在多条单相、两相支路，电压等级均为 4.16kV。区间和仿射潮流分别采用 C++调用开源区间运算库 C-XSC 和仿射运算库 libaffa 实现，线性松弛模型采用 C++调用 CPLEX 12.6 求解，所有测试均在一台配置 Core i5 2.30GHz 处理器、4 GB RAM 及 64 位操作系统的电脑上实现。

为简化分析，将标准算例中的调压器、配电变压器及相应节点删除，并将沿线分布的负荷归入线路端点负荷内。

6.4.1 改进的 IEEE 13 节点配电系统

所有节点的各相负荷伪量测为已知，在支路 650–632、632–633 配置三相功率量测，如图 6–1 所示。负荷伪量测和实时功率量测分别设置 5%、1%的不确定区间。

设计如下四种计算方案。

方案一：第一阶段采用区间潮流（interval distribution flow，IDF），第二阶段采用实时量测（real–time measurement，RM），记为 IDF–LP_RM；

方案二：第一阶段采用区间潮流，第二阶段采用实时量测和伪量测（pseudo measurement，PM），记为 IDF–LP_RM+PM；

方案三：第一阶段采用仿射潮流（affine distribution flow，ADF），第二阶段采用实时量测，记为 ADF–LP_RM；

方案四：第一阶段采用仿射潮流，第二阶段采用实时量测和伪量测，记为 ADF–LP_RM+PM。

三相节点电压有名值计算结果如图 6–2 所示。图中，点值为该时刻系统真实状态，实线为区间和仿射潮流计算结果，虚线为仅采用实时量测的线性松弛优化结果，点线为同时采用实时量测和伪量测的线性松弛优化结果。

改进的 IEEE 13 节点配电系统三相节点电压上下界，如图 6–3 所示。

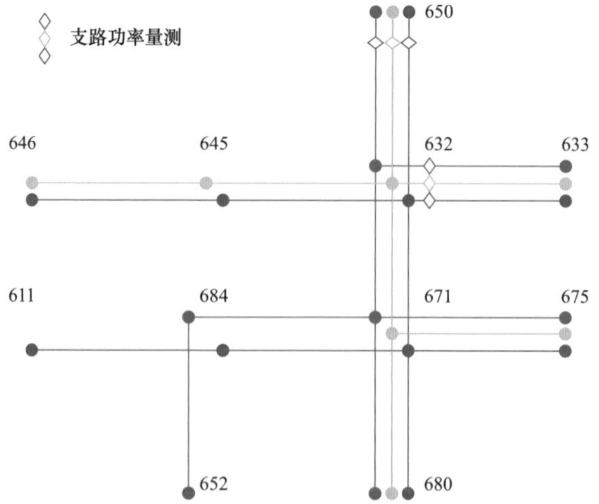

图 6–2　三相节点电压有名值计算结果

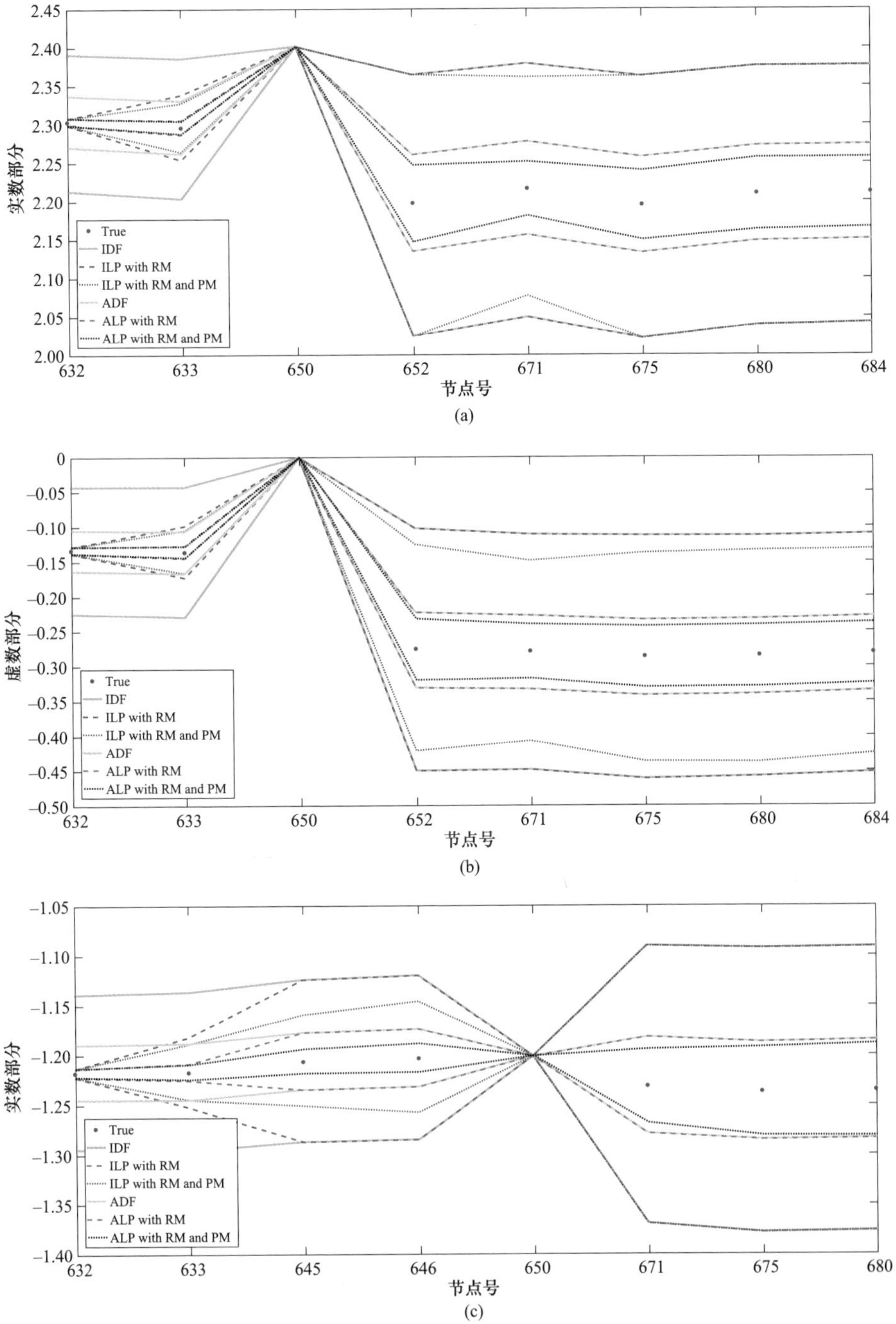

图 6-3　改进的 IEEE 13 节点配电系统三相节点电压上下界，伪量测、实时量测分别设置 5%和 1%不确定波动（一）

（a）A 相电压实部；（b）A 相电压虚部；（c）B 相电压实部

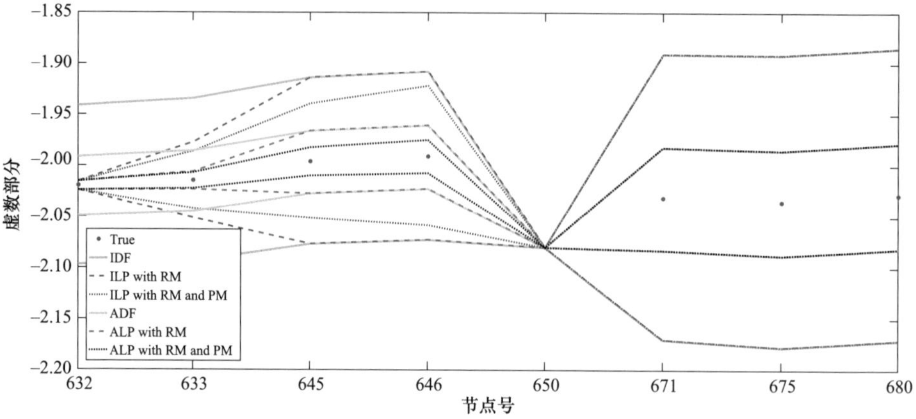

(d)

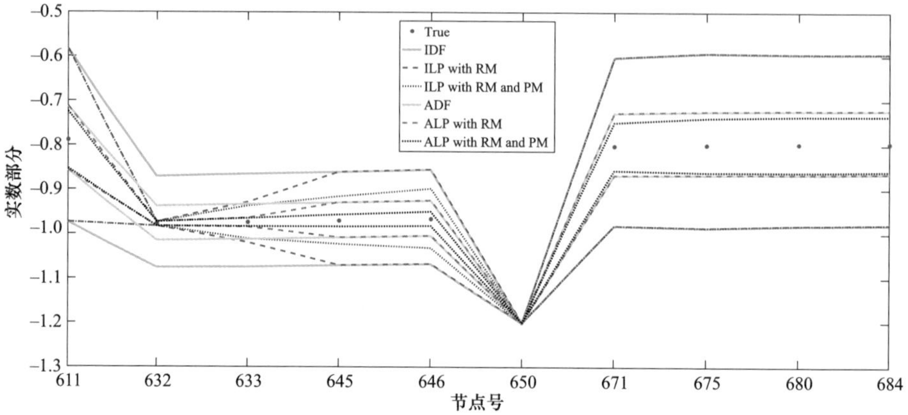

(e)

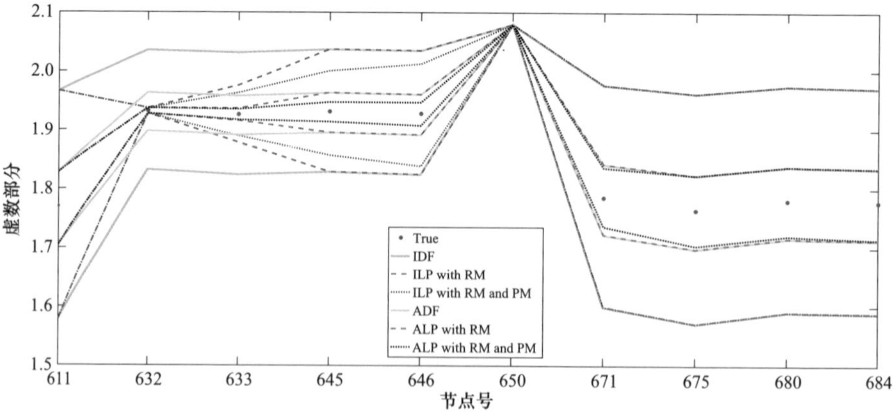

(f)

图 6-3　改进的 IEEE 13 节点配电系统三相节点电压上下界，伪量测、实时量测分别设置 5%和 1%不确定波动（二）

（d）B 相电压虚部；（e）C 相电压实部；（f）C 相电压虚部

由图 6－3 可以看出：

（1）在第一阶段中，IDF 和 ADF 结果均包含系统状态真值，但 ADF 较 IDF 显著缩小了电压区间，为第二阶段的优化提供了更紧的初始区间。

（2）配置的三相实时功率量测使得与该量测相关的节点（关联节点）632、633 三相电压的计算区间较初始区间显著减小，而对与实时量测无关的节点（其他节点）三相电压区间无影响。

（3）基于 ADF 的优化结果区间始终小于基于 IDF 的优化结果区间，说明第二阶段的线性松弛优化依赖于初始区间，初始区间越小，最终的区间也越小。

（4）方案 IDF－LP_RM＋PM 和 ADF－LP_RM＋PM 中，对于其他节点，可得到较 IDF－LP_RM 和 ADF－LP_RM 更小的三相电压区间解，这是由于区间和仿射算术均存在不同程度的保守性，计算结果区间偏大，而第二阶段的优化方法可以在潮流区间基础上进一步切除冗余区间。

计算时间如表 6－1 所示。方案 IDF－LP_RM 和 ADF－LP_RM 由于实时量测数量很少，涉及的优化变量和约束较少，计算速度较快；而方案 IDF－LP_RM＋PM 和 ADF－LP_RM＋PM 虽然可以获得更小的电压区间，但这是以优化变量和约束数量增加为代价，计算时间更长。

表 6－1　　改进的 IEEE 13 节点配电系统可靠状态估计计算时间

项目	第一阶段		第二阶段	
	IDF	ADF	LP_RM	LP_RM＋PM
时间（s）	0.1	0.4		

6.4.2　改进的 IEEE 123 节点配电系统

所有节点的各相负荷伪量测为已知，在支路 150－1、13－18、13－52、18－35、60－67 五条支路配置三相功率量测，如图 6－4 所示。负荷伪量测和实时功率量测分别设置 5%、1%的不确定区间。同样设计四种方案，计算结果如图 6－5 所示。

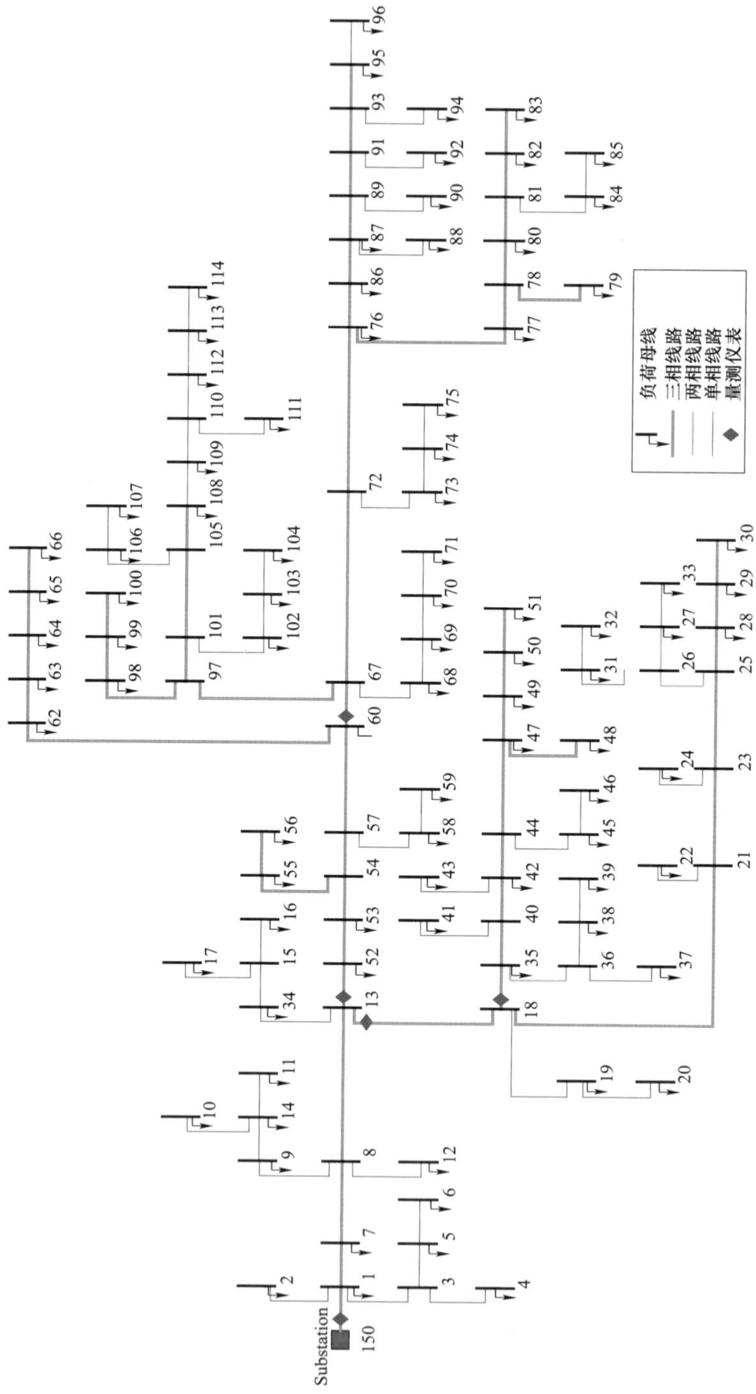

图 6－4 改进的 IEEE 123 节点配电系统

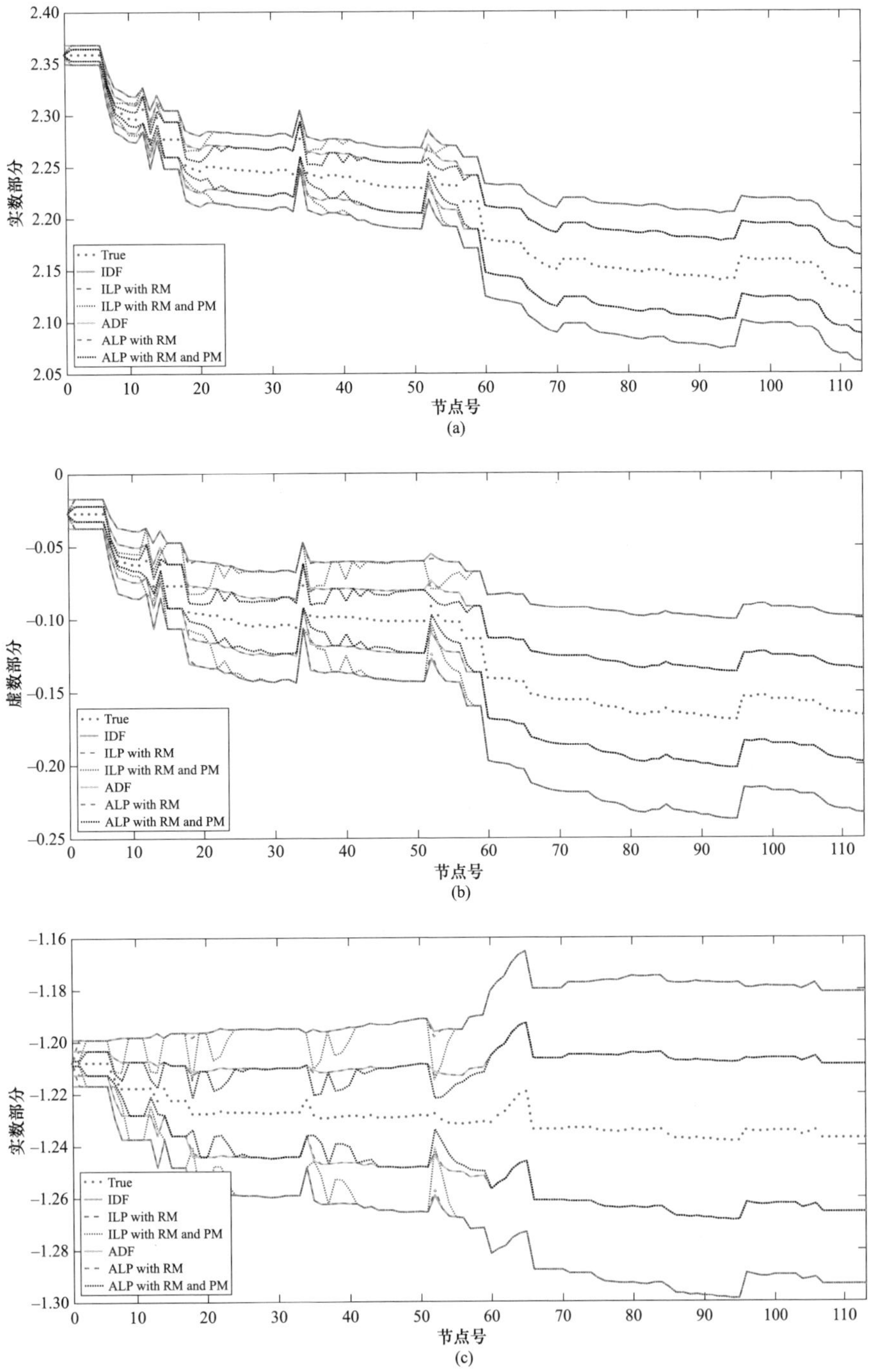

图 6－5　改进 IEEE 13 节点配电系统三相节点电压上下界，
伪量测、实时量测分别设置 5%和 1%不确定波动（一）

（a）A 相电压实部；（b）A 相电压虚部；（c）B 相电压实部

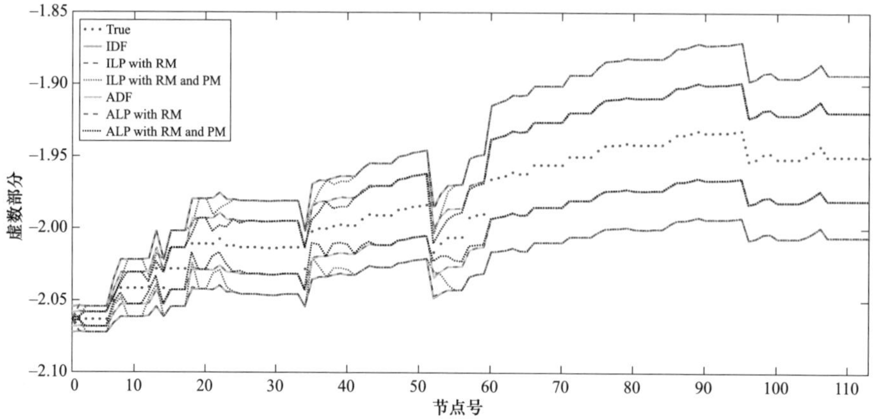

(d)

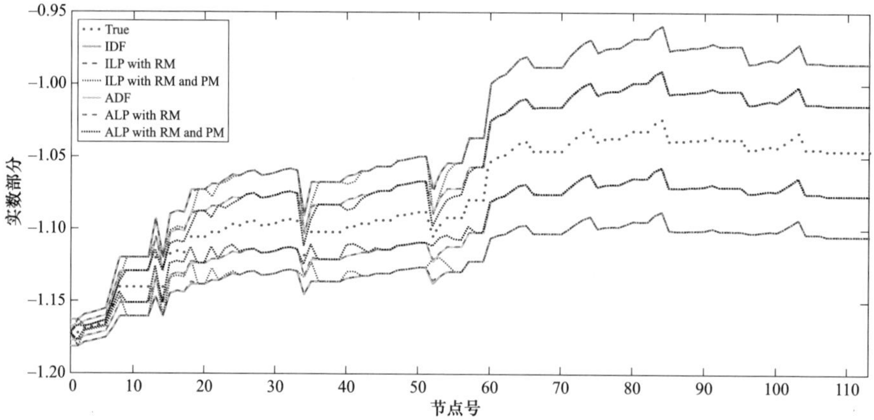

(e)

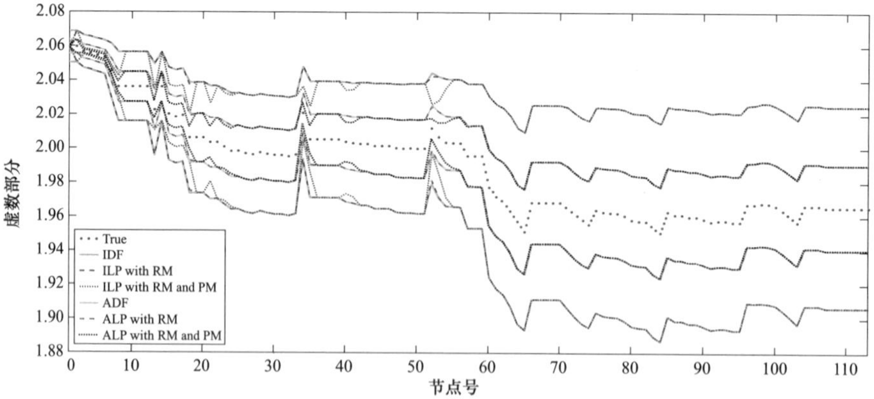

(f)

图 6-5　改进 IEEE 13 节点配电系统三相节点电压上下界，伪量测、实时量测分别设置 5%和 1%不确定波动（二）

（d）B 相电压虚部；（e）C 相电压实部；（f）C 相电压虚部

由图 6－5 可以看出：

（1）在第一阶段中，IDF 和 ADF 结果均包含系统状态真值，但 ADF 较 IDF 显著缩小了电压区间，为第二阶段的优化提供了更紧的初始区间。

（2）方案 IDF－LP_RM 和 ADF－LP_RM 中，关联节点 1、13、18、35、52、60、67 三相电压的计算区间较初始区间并未显著减小，这是因为除节点 1、52 的 A 相和节点 35 的 A、B 相外，其他负荷伪量测均为精确的零注入量测，因此仅凭实时量测约束无法进一步减小区间宽度。

（3）基于 ADF 的优化结果区间始终小于基于 IDF 的优化结果区间，说明第二阶段的线性松弛优化依赖于初始区间，初始区间越小，最终的区间也越小。

（4）方案 IDF－LP_RM＋PM 和 ADF－LP_RM＋PM 中，关联节点及附近节点的电压区间呈现不同程度的缩小，其他节点电压区间未发生变化，说明在实时量测与零注入伪量测的共同约束下可进一步缩小部分节点电压区间。

计算时间如表 6－2 所示，对于规模较大的系统，方案 ADF－LP_RM＋PM 计算量远大于方案 ADF－LP_RM，此时应合理配置实时量测，实现仅凭 ADF－LP_RM 获得与 ADF－LP_RM＋PM 相近的结果。此外，第二阶段非常适合大规模并行化计算，从而大幅提高计算速度。

表 6－2　　改进的 **IEEE 123** 配电系统可靠状态估计计算时间

项目	第一阶段		第二阶段	
	IDF	ADF	LP_RM	LP_RM＋PM
时间（s）	0.5	10	200	3600

第7章

量测丢失情形下的配电网状态估计

由于配电网维度较高，数据众多，在实际工程中，量测装置采集到数据向估计中心传输时，信道堵塞、线路故障、网络攻击等问题都会导致量测数据丢失，进而使得估计结果不准确，所以设计一种量测丢失下的状态估计模型很有必要。本章考虑采用改进的扩展卡尔曼滤波器来提高估计精度，同时也能保证合适的计算速度。首先，建立 EKF 的无偏框架，根据高斯分布的 3σ 准则近似得到滤波误差的可迭代上界，从而进一步获得非线性量测函数的矩阵上界，并通过一个满足扇形有界的不确定线性矩阵组合来描述泰勒级数略去的高阶项。基于这样一个含有不确定项的线性化方法，进一步推导得到最小误差协方差上界下的最优滤波增益，从而保证所设计出来的滤波器能包含所有的不确定因素。通过对 Wu J 和 Hayes B P 等提出的配电系统闭环鲁棒状态估计器的思考和通过一系列不等式以及代数计算获得误差协方差上界和最优的滤波器增益，最终得到一个考虑线性化误差的鲁棒滤波器。在仿真中，实现了基于 EKF 和递归滤波器（recursive filter，RF）的配电网 FASE 算法分析。从仿真结果中可以看出，RF 在估计性能上要优于传统的 EKF，并且通过上界分析可知 RF 能够包含未知的线性化误差，从而验证了所提出滤波算法的有效性和实用性。

7.1 系 统 模 型

数据丢失在配电网通信系统中是不可避免的，主要是因为量测设备的突然失效，信道带宽受限或者网络拥塞等，如图 7－1 所示。数据丢失对状态估计准确性造成了较大的影响，不过可以利用数据丢失建模法，即通过一个服从 Bernoulli 分布的对角随机矩阵与量测向量的乘积来构造估计器观测。并在此基础上，推导出两类带有随机量测丢失的鲁棒估计器。用非线性处理方法，进一步计算滤波误差，再通过一系列不等式引理，分别寻找各自的误差协方差上界，使得推导出来的上界能够包含估计器中存在的一切不确定因素，通过对协方差矩阵上界的迹求偏导，以获得最优的滤波器增益。

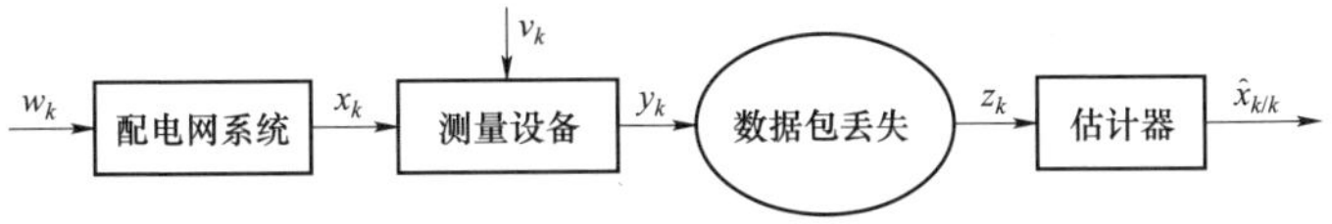

图 7－1　具有量测丢失的滤波器设计问题

在具有量测丢失现象的滤波与控制问题方面，研究人员近三十年来做了大量的工作，其中最常用的是用服从 Bernoulli 分布的随机变量来描述量测数据丢失现象，以此来建立如下量测模型

$$z_k = \Xi_k[f(x_k)+v_k] \tag{7-1}$$

其中
$$\Xi_k=\mathrm{diag}\{\lambda_k^1,\cdots,\lambda_k^j,\cdots,\lambda_k^{\bar{j}}\}$$

式中　Ξ_k ——刻画量测丢失现象的对角矩阵；

z_k ——k 时刻的量测值；

v_k ——量测噪声。

λ_k^j 为服从 Bernoulli 分布的随机变量，即满足

$$\mathrm{Prob}\{\lambda_k^j=1\}=\mathbb{E}\{\lambda_k^j\}=\bar{\lambda}_k^j \tag{7-2}$$

$$\mathrm{Prob}\{\lambda_k^j=0\}=1-\mathbb{E}\{\lambda_k^j\}=1-\bar{\lambda}_k^j \tag{7-3}$$

当 $\lambda_k^j=0$ 时，表示第 j 个量测丢失，其中 $\bar{\lambda}_k^j\in[0,1]$ 是根据式（7－3）统计获得的已知常数。此外，假设 $\lambda_k^{j_1}$ 与 $\lambda_k^{j_2}$（$j_1,j_2\in\{1,2,\cdots,\bar{j}\},j_1\neq j_2$），$\omega_k$，$v_k$ 及 x_0 为相互独立的随机变量，并且具有如下统计特性

$$\mathbb{E}\{x_0\}=\hat{x}_{0/0}，\ \mathbb{E}\{(x_0-\hat{x}_{0/0})(x_0-\hat{x}_{0/0})^{\mathrm{T}}\}=P_{0/0}，\ \omega_k\sim\mathcal{N}(0,Q_k)，\ v_k\sim\mathcal{N}(0,R_k) \tag{7-4}$$

其中，$P_{0/0}\geqslant 0$，$Q_k>0$，$R_k>0$ 为已知的适维矩阵，考虑到量测丢失的

影响因素，故在本节中构造出如下递推滤波器

$$\hat{x}_{k+1/k}=A_k\hat{x}_{k/k}+g_k \tag{7-5}$$

$$\hat{x}_{k+1/k+1}=\hat{x}_{k+1/k}+K_{k+1}(z_{k+1}-\hat{y}_{k+1}) \tag{7-6}$$

式中 $\hat{y}_{k+1}$ ——有待设计的量测预测；

A_k ——系统参数；

g_k ——过程噪声；

K_{k+1} ——滤波器增益。

接下来的滤波器设计共要实现三个目标。

第一，充分考虑量测丢失的影响，以确定当前时刻对下一时刻量测的预测 $\hat{y}_{k+1}$，从而使得式（7–5）和式（7–6）具有无偏性。

第二，考虑线性化误差为不确定且扇形有界时，估计器具有较优的估计性能。沿袭这一非线性处理方法，找到合适的误差协方差上界，即找到一列正定矩阵 $\boldsymbol{\Sigma}_{k+1/k+1}$，并使其满足

$$\mathbb{E}\{(x_{k+1}-\hat{x}_{k+1/k+1})(x_{k+1}-\hat{x}_{k+1/k+1})^{\mathrm{T}}\}\leqslant\boldsymbol{\Sigma}_{k+1/k+1},\ \forall k \tag{7-7}$$

第三，通过设计合适的滤波器增益 K_{k+1} 使得该上界 $\boldsymbol{\Sigma}_{k+1/k+1}$ 的迹最小。

7.2 量测丢失及滤波器结构设计与优化

考虑在传输过程中出现随机丢包现象，建立合适的数学模型，新的观测方程表示为

$$y_{k+1}=\boldsymbol{\Upsilon}_{k+1}[h(x_{k+1})+v_{k+1}] \tag{7-8}$$

其中

$$\boldsymbol{\Upsilon}_{k+1}=\mathrm{diag}\{\sigma_{k+1}^1,\sigma_{k+1}^2,\cdots,\sigma_{k+1}^m\}$$

式中 $\sigma_{k+1}^i(i=1,2,\cdots,m)$ —— $k+1$ 采样时刻时第 i 个独立随机变量。

σ_{k+1}^i 服从均值为 p_{k+1}^i 和方差为 $q_{k+1}^i=p_{k+1}^i(1-p_{k+1}^i)$ 的伯努利分布，当 $\sigma_{k+1}^i=1$ 时，则第 i 个量测未丢失；当 $\sigma_{k+1}^i=0$ 时，则第 i 个量测丢失。

假设量测噪声序列 v_{k+1} 是均值为 0 和协方差矩阵为 $\boldsymbol{V}_{k+1}$ 的高斯白色噪声，高斯白噪声是幅值符合高斯分布，频率均匀分布的噪声，并且该量测噪声与系

统噪声不相关。基于扩展卡尔曼滤波的标准结构，在考虑量测随机性丢包后设计的递归滤波结构可表示为

$$\left.\begin{aligned}\hat{x}_{k+1/k} &= \hat{c}_k + d_k \\ \hat{c}_k &= \alpha\hat{x}_k + (1-\alpha)\hat{x}_{k/k-1} \\ d_k &= \beta(\hat{c}_k - \hat{c}_{k-1}) + (1-\beta)b_{k-1}\end{aligned}\right\} \tag{7-9}$$

$$\hat{\boldsymbol{x}}_{k+1/k+1} = \hat{x}_{k+1/k} + K_{k+1}[y_{k+1} - \bar{\boldsymbol{\Upsilon}}_{k+1}h(\hat{x}_{k+1/k})] \tag{7-10}$$

其中
$$\bar{\boldsymbol{\Upsilon}}_{k+1}=\mathrm{diag}\{p_{k+1}^1, p_{k+1}^2, \cdots, p_{k+1}^m\}$$

式中 $\hat{\boldsymbol{x}}_{k+1/k+1}$——状态向量 $\boldsymbol{x}_{k+1}$ 的估计值；

K_{k+1}——滤波器增益。

根据扩展卡尔曼滤波推导过程，可以得到预测估计误差，以及对应的预测误差协方差矩阵，分别表示为

$$\tilde{x}_{k+1/k} = x_{k+1} - \hat{x}_{k+1/k} = A_k\tilde{x}_{k/k} + \omega_k \tag{7-11}$$

$$P_{k+1/k} = A_k P_{k/k} A_k^{\mathrm{T}} + W_k \tag{7-12}$$

同样，可以得到 k+1 采样时刻的估计误差为

$$\begin{aligned}\tilde{x}_{k+1/k+1} &= x_{k+1} - \hat{x}_{k+1/k+1} \\ &= \tilde{x}_{k+1/k} - K_{k+1}[y_{k+1} - \bar{\boldsymbol{\Upsilon}}_{k+1}h(\hat{x}_{k+1/k})]\end{aligned} \tag{7-13}$$

利用泰勒级数将函数 $h(x_{k+1})$ 在预测估计 $\hat{x}_{k+1/k}$ 处展开，可得

$$h(x_{k+1})=h(\hat{x}_{k+1/k}) + F_{k+1}\tilde{x}_{k+1/k} + o\left|\tilde{x}_{k+1/k}\right| \tag{7-14}$$

其中
$$F_{k+1} = (\partial h(x_{k+1}) / \partial x_{k+1}) \mid x_{k+1} = \tilde{x}_{k+1/k}$$

式中 $o|\tilde{x}_{k+1/k}|$——泰勒展开的高阶项，一般情况扩展卡尔曼都会忽略高阶项，此处表示为

$$o\left|\tilde{x}_{k+1/k}\right| = \boldsymbol{C}_{k+1}\boldsymbol{\aleph}_{k+1}\boldsymbol{L}_{k+1}\tilde{x}_{k+1/k} \tag{7-15}$$

式中 $\boldsymbol{C}_{k+1}$——设置的参数矩阵；

$\boldsymbol{\aleph}_{k+1}$——一个代表线性化误差的未知时变矩阵。

$$\boldsymbol{\aleph}_{k+1}\boldsymbol{\aleph}_{k+1}^{\mathrm{T}} \leqslant \boldsymbol{I} \tag{7-16}$$

基于式（7－8）、式（7－13）和式（7－14），可以将估计误差重新表示为

$$
\begin{aligned}
\tilde{x}_{k+1/k+1} &= x_{k+1} - \hat{x}_{k+1/k+1} \\
&= [I - K_{k+1}\bar{\Upsilon}_{k+1}(F_{k+1} + C_{k+1}\aleph_{k+1}L_{k+1})]\tilde{x}_{k+1/k} \\
&\quad - K_{k+1}(\Upsilon_{k+1} - \bar{\Upsilon}_{k+1})h(x_{k+1}) - K_{k+1}\Upsilon_{k+1}v_{k+1}
\end{aligned} \tag{7-17}
$$

将式（7－11）代入式（7－17），并在等式两边求期望，得到

$$
\begin{aligned}
E\{\tilde{x}_{k+1/k+1}\} = &[I - K_{k+1}\bar{\Upsilon}_{k+1}(F_{k+1} + C_{k+1}\aleph_{k+1}L_{k+1})] \cdot \\
&A_k E\{\tilde{x}_{k/k}\}
\end{aligned} \tag{7-18}
$$

若给定初值条件，则可以得到结论：对于所有 $k \geqslant 0$ 的采样时刻，$E\left\{\tilde{x}_{k/k}\right\} := 0$。这验证了式（7－9）和式（7－10）为无偏估计。

在式（7－17）中，预测误差 $\tilde{x}_{k+1/k}$ 的变化与 $h(x_{k+1})$ 相关，而量测噪声 v_{k+1} 与前两者不相关。进而，估计误差对应的协方差矩阵表示为

$$
\begin{aligned}
P_{k+1/k+1} = &\left[I - K_{k+1}\bar{\Upsilon}_{k+1}(F_{k+1} + C_{k+1}\aleph_{k+1}L_{k+1})\right]P_{k+1/k} \cdot \\
&\left[I - K_{k+1}\bar{\Upsilon}_{k+1}(F_{k+1} + C_{k+1}\aleph_{k+1}L_{k+1})\right]^{\mathrm{T}} \\
&+ K_{k+1}E\left\{(\Upsilon_{k+1} - \bar{\Upsilon}_{k+1})h(x_{k+1})h(x_{k+1})^{\mathrm{T}}(\Upsilon_{k+1} - \bar{\Upsilon}_{k+1})^{\mathrm{T}}\right\} \cdot \\
&K_{k+1}^{\mathrm{T}} + K_{k+1}E\left\{\Upsilon_{k+1}v_{k+1}v_{k+1}^{\mathrm{T}}\bar{\Upsilon}_{k+1}^{\mathrm{T}}\right\}K_{k+1}^{\mathrm{T}} + \phi_{k+1} + \phi_{k+1}^{\mathrm{T}}
\end{aligned} \tag{7-19}
$$

其中

$$
\begin{aligned}
\phi_{k+1} = &-[I - K_{k+1}\bar{\Upsilon}_{k+1}(F_{k+1} + C_{k+1}\aleph_{k+1}L_{k+1})] \cdot \\
&E\{\tilde{x}_{k+1/k}h(x_{k+1})^{\mathrm{T}}\}(\Upsilon_{k+1} - \bar{\Upsilon}_{k+1})^{\mathrm{T}}K_{k+1}^{\mathrm{T}}
\end{aligned} \tag{7-20}
$$

引理 7－1 考虑式（7－11）及式（7－17），并假设式（7－16）成立，且 a_1、a_2、$\eta_{1,k}$、$\eta_{2,k}$、ε_k 都为正标量，则滤波器增益为

$$
\begin{aligned}
K_{k+1} = &(\bar{P}_{k+1/k}^{-1} - \varepsilon_{k+1}L_{k+1}^{\mathrm{T}}L_{k+1})^{-1}F_{k+1}^{\mathrm{T}}\bar{\Upsilon}_{k+1} \cdot \\
&[F_{k+1}\bar{\Upsilon}_{k+1}(\bar{P}_{k+1/k}^{-1} - \varepsilon_{k+1}L_{k+1}^{\mathrm{T}}L_{k+1})^{-1}F_{k+1}^{\mathrm{T}}\bar{\Upsilon}_{k+1} \\
&+ \varepsilon_{k+1}^{-1}(1+\eta_{1,k+1})\bar{\Upsilon}_{k+1}C_{k+1}C_{k+1}^{\mathrm{T}}\bar{\Upsilon}_{k+1}^{\mathrm{T}} + \\
&(1+\eta_{1,k+1}^{-1})\hat{\Upsilon}_{k+1}\Omega_{k+1} + \breve{\Upsilon}_{k+1}V_{k+1}]
\end{aligned} \tag{7-21}
$$

$$
\breve{\Upsilon}_{k+1} = \begin{bmatrix}
p_{k+1}^1 & p_{k+1}^1 p_{k+1}^2 & \cdots & p_{k+1}^1 p_{k+1}^m \\
p_{k+1}^2 p_{k+1}^1 & p_{k+1}^2 & \cdots & p_{k+1}^2 p_{k+1}^m \\
\vdots & \vdots & \cdots & \vdots \\
p_{k+1}^m p_{k+1}^1 & p_{k+1}^m p_{k+1}^2 & \cdots & p_{k+1}^m
\end{bmatrix} \tag{7-22}
$$

其中

$$
\hat{\Upsilon}_{k+1} = \mathrm{diag}\left\{q_{k+1}^1, q_{k+1}^2, \cdots, q_{k+1}^m\right\}
$$

式中 $\bar{P}_{k+1/k+1}$——$P_{k+1/k+1}$ 的上界，即 $P_{k+1/k+1} \leqslant \bar{P}_{k+1/k+1}$。

设置初始值 $\bar{P}_{0/0} = P_{0/0} > 0$，并且存在以下约束

$$\varepsilon_{k+1}^{-1} I - L_{k+1} \bar{P}_{k+1/k} L_{k+1}^{\mathrm{T}} > 0 \tag{7-23}$$

根据初始值和式（7-23），两个离散黎卡提差分方程分别有两个正定解 $\bar{P}_{k+1/k}$ 和 $\bar{P}_{k+1/k+1}$，离散黎卡提差分方程分别为

$$\bar{P}_{k+1/k} = A_k \bar{P}_{k/k} A_k^{\mathrm{T}} + W_k \tag{7-24}$$

$$\begin{aligned} \bar{P}_{k+1/k+1} = &(1+\eta_{1,k+1})(I - K_{k+1}\bar{\Upsilon}_{k+1}F_{k+1}) \bullet \\ &(\bar{P}_{k+1/k}^{-1} - \varepsilon_{k+1} L_{k+1}^{\mathrm{T}} L_{k+1})^{-1} (I - K_{k+1}\bar{\Upsilon}_{k+1}F_{k+1})^{\mathrm{T}} \\ &+K_{k+1}[\varepsilon_{k+1}^{-1}(1+\eta_{1,k+1})\bar{\Upsilon}_{k+1}C_{k+1}C_{k+1}^{\mathrm{T}}\bar{\Upsilon}_{k+1}^{\mathrm{T}} + \\ &(1+\eta_{1,k+1}^{-1})\hat{\Upsilon}_{k+1}\Omega_{k+1} + \breve{\Upsilon}_{k+1}V_{k+1}]K_{k+1}^{\mathrm{T}} \end{aligned} \tag{7-25}$$

引理 7-1 证明：

对于式（7-19）中 $\phi_{k+1} + \phi_{k+1}^{\mathrm{T}}$ 的两项，可以得到不等式为

$$\begin{aligned} \phi_{k+1} + \phi_{k+1}^{\mathrm{T}} \leqslant &\eta_{1,k+1}[I - K_{k+1}\bar{\Upsilon}_{k+1}(F_{k+1} + C_{k+1}\aleph_{k+1}L_{k+1})] \bullet \\ &P_{k+1/k}[I - K_{k+1}\bar{\Upsilon}_{k+1}(F_{k+1} + C_{k+1}\aleph_{k+1}L_{k+1})]^{\mathrm{T}} \\ &+\eta_{1,k+1}^{-1}K_{k+1}E\{(\Upsilon_{k+1} - \bar{\Upsilon}_{k+1})h(x_{k+1})h(x_{k+1})^{\mathrm{T}} \bullet \\ &(\Upsilon_{k+1} - \bar{\Upsilon}_{k+1})^{\mathrm{T}}\}K_{k+1}^{\mathrm{T}} \end{aligned} \tag{7-26}$$

然后，可以得到

$$\begin{aligned} &[I - K_{k+1}\bar{\Upsilon}_{k+1}(F_{k+1} + C_{k+1}\aleph_{k+1}L_{k+1})]P_{k+1/k} \bullet \\ &[I - K_{k+1}\bar{\Upsilon}_{k+1}(F_{k+1} + C_{k+1}\aleph_{k+1}L_{k+1})]^{\mathrm{T}} \\ \leqslant &(I - K_{k+1}\bar{\Upsilon}_{k+1}F_{k+1})(P_{k+1/k}^{-1} - \varepsilon_{k+1}L_{k+1}^{\mathrm{T}}L_{k+1})^{-1} \bullet \\ &(I - K_{k+1}\bar{\Upsilon}_{k+1}F_{k+1})^{\mathrm{T}} + \varepsilon_{k+1}^{-1}K_{k+1}\bar{\Upsilon}_{k+1}C_{k+1}C_{k+1}^{\mathrm{T}}\bar{\Upsilon}_{k+1}^{\mathrm{T}}K_{k+1}^{\mathrm{T}} \end{aligned} \tag{7-27}$$

并且满足以下约束

$$\varepsilon_{k+1}^{-1} I - L_{k+1} P_{k+1/k} L_{k+1}^{\mathrm{T}} > 0 \tag{7-28}$$

由于 $\boldsymbol{\Upsilon}_{k+1} - \bar{\boldsymbol{\Upsilon}}_{k+1}$ 为对角阵，进一步可以得到

$$\begin{aligned} &E\{(\boldsymbol{\Upsilon}_{k+1} - \bar{\boldsymbol{\Upsilon}}_{k+1})h(x_{k+1})h(x_{k+1})^{\mathrm{T}}(\boldsymbol{\Upsilon}_{k+1} - \bar{\boldsymbol{\Upsilon}}_{k+1})^{\mathrm{T}}\} \\ = &\hat{\Upsilon}_{k+1}E\{h(x_{k+1})h(x_{k+1})^{\mathrm{T}}\} \end{aligned} \tag{7-29}$$

$$\begin{aligned} E\{h(x_{k+1})h(x_{k+1})^{\mathrm{T}}\} \leqslant &2[a_1^2 \mathrm{trace}((1+\eta_{2,k+1})P_{k+1/k} \\ &+(1+\eta_{2,k+1}^{-1})\hat{x}_{k+1/k}\hat{x}_{k+1/k}^{\mathrm{T}}) + a_2^2]I = \Omega_{k+1} \end{aligned} \tag{7-30}$$

最后，合并式（7-19）、式（7-26）和式（7-30），可以获得误差协方差

矩阵上界 $\bar{P}_{k+1/k+1}$ 为

$$\begin{aligned}P_{k+1/k+1} \leqslant & (1+\eta_{1,k+1})(I-K_{k+1}\bar{\boldsymbol{\varUpsilon}}_{k+1}F_{k+1}) \cdot \\ & (P_{k+1/k}^{-1}-\varepsilon_{k+1}L_{k+1}^{\mathrm{T}}L_{k+1})^{-1}(I-K_{k+1}\bar{\boldsymbol{\varUpsilon}}_{k+1}F_{k+1})^{\mathrm{T}} \\ & +K_{k+1}[\varepsilon_{k+1}^{-1}(1+\eta_{1,k+1})\bar{\boldsymbol{\varUpsilon}}_{k+1}C_{k+1}C_{k+1}^{\mathrm{T}}\bar{\boldsymbol{\varUpsilon}}_{k+1}^{\mathrm{T}}+ \\ & (1+\eta_{1,k+1}^{-1})\hat{\varUpsilon}_{k+1}\varOmega_{k+1}+\breve{\varUpsilon}_{k+1}V_{k+1}]K_{k+1}^{\mathrm{T}}\end{aligned} \tag{7-31}$$

可以看出式（7－19）与式（7－31）具有相同的数学结构，满足 $P_{k+1/k+1} \leqslant \bar{P}_{k+1/k+1}$。

为了得到最小误差协方差上界下的滤波增益，对矩阵 $\bar{\boldsymbol{P}}_{k+1/k+1}$ 的迹求导并使其导数为 **0**，即

$$\begin{aligned}\frac{\partial \mathrm{trace}(\bar{P}_{k+1/k+1})}{\partial K_{k+1}} = & -2(1+\eta_{1,k+1})(I-K_{k+1}\bar{\boldsymbol{\varUpsilon}}_{k+1}F_{k+1}) \cdot \\ & (\bar{P}_{k+1/k}^{-1}-\varepsilon_{k+1}L_{k+1}^{\mathrm{T}}L_{k+1})^{-1}(I-K_{k+1}\bar{\boldsymbol{\varUpsilon}}_{k+1}F_{k+1})^{\mathrm{T}} \\ & +2K_{k+1}[\varepsilon_{k+1}^{-1}(1+\eta_{1,k+1})\bar{\boldsymbol{\varUpsilon}}_{k+1}C_{k+1}C_{k+1}^{\mathrm{T}}\bar{\boldsymbol{\varUpsilon}}_{k+1}^{\mathrm{T}}+ \\ & (1+\eta_{1,k+1}^{-1})\hat{\varUpsilon}_{k+1}\varOmega_{k+1}+\breve{\varUpsilon}_{k+1}V_{k+1}]=0\end{aligned} \tag{7-32}$$

基于式（7－31）和式（7－32），可以得到式（7－21）中的滤波增益 K_{k+1}，至此完成了引理 7－1 的证明。

7.3 带有随机量测丢失的估计器设计

考虑到量测随机丢失对配电网的影响，设计合适的鲁棒滤波算法以减少随机丢包对估计性能的影响。

首先，计算一步预测误差以及对应的协方差矩阵

$$e_{k+1/k} = x_{k+1} - \hat{x}_{k+1/k} = A_k e_{k/k} + \omega_k \tag{7-33}$$

$$P_{k+1/k} = \mathbb{E}\{e_{k+1/k}e_{k+1/k}^{\mathrm{T}}\} = A_k P_{k/k} A_k^{\mathrm{T}} + Q_k \tag{7-34}$$

另外，滤波误差可以由以下公式表示

$$\begin{aligned}e_{k+1/k+1} &= x_{k+1} - \hat{x}_{k+1/k+1} \\ &= e_{k+1/k} - K_{k+1}\{\Xi_{k+1}[f(x_{k+1})+v_{k+1}]-\hat{y}_{k+1}\}\end{aligned} \tag{7-35}$$

假设 C_{k+1} 满足 $|e_{k+1/k}| \leqslant C_{k+1}$

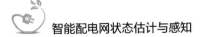

$$\mathrm{col}_{\bar{j}}^{\mathrm{T}}\{G_j(\tilde{x}_{j,k+1})\}\mathrm{col}_{\bar{j}}\{G_j(\tilde{x}_{j,k+1})\} \leqslant \mathcal{F}_{k+1}^{\mathrm{T}}\mathcal{F}_{k+1} \tag{7-36}$$

其中
$$G_j(\tilde{x}_{j,k+1}) = (\partial^2 f_j(x)/\partial x^2)\,|\,\{x = \tilde{x}_{j,k+1}\}$$

$$\tilde{x}_{j,k+1} = \xi_j \hat{x}_{k+1/k} + (1-\xi_j)x_{k+1}, \xi_j \in [0,1]$$

非线性量测 $f(x_{k+1})$ 可以线性化为如下表达式

$$f(x_{k+1}) = f(\hat{x}_{k+1/k}) + (F_{k+1} + 0.5\mathcal{C}_{k+1}\Delta_{k+1}\mathcal{F}_{k+1})e_{k+1/k} \tag{7-37}$$

其中，$F_{k+1} = (\partial f_j(x)/\partial x)\,|\,\{x = \hat{x}_{k+1/k}\}$；$\Delta_{k+1}$ 为一个未知时变矩阵，并满足 $\Delta_{k+1}\Delta_{k+1}^{\mathrm{T}} \leqslant I_{\bar{ij}}$，$C_{k+1} = I_{\bar{j}} \otimes C_{k+1}$。因此，式（7－35）可以重新表示为

$$\begin{aligned} e_{k+1/k+1} = {} & [I_{\bar{i}} - K_{k+1}\Xi_{k+1}(F_{k+1} + 0.5\mathcal{C}_{k+1}\Delta_{k+1}\mathcal{F}_{k+1})](A_k e_{k/k} + \omega_k) \\ & - K_{k+1}\Xi_{k+1} f(\hat{x}_{k+1/k}) - K_{k+1}\Xi_{k+1}v_{k+1} + K_{k+1}\hat{y}_{k+1} \end{aligned} \tag{7-38}$$

对以上式子的等号两边取均值，可以得到

$$\begin{aligned} \mathbb{E}\{e_{k+1/k+1}\} = {} & [I_{\bar{i}} - K_{k+1}\mathbb{E}\{\Xi_{k+1}\}(G_{k+1} + 0.5\mathcal{C}_{k+1}\Delta_{k+1}\mathcal{F}_{k+1})](A_k\mathbb{E}\{e_{k/k}\} + \mathbb{E}\{\omega_k\}) \\ & - K_{k+1}\mathbb{E}\{\Xi_{k+1}\} f(\hat{x}_{k+1/k}) - K_{k+1}\mathbb{E}\{\Xi_{k+1}\}\mathbb{E}\{v_{k+1}\} + K_{k+1}\mathbb{E}\{\hat{y}_{k+1}\} \end{aligned} \tag{7-39}$$

式中，$\mathbb{E}\{\Xi_{k+1}\} = \bar{\Xi}_{k+1} = \mathrm{diag}\{\bar{\lambda}_k^1, \cdots, \bar{\lambda}_k^j, \cdots, \bar{\lambda}_k^{\bar{j}}\}$，$\mathbb{E}\{\omega_k\} = 0$，$\mathbb{E}\{v_{k+1}\} = 0$，如果给定初始值 $\mathbb{E}\{x_0\} = \hat{x}_{0/0}$，并要求 $\mathbb{E}\{e_{k+1/k+1}\} = 0$，以满足式（7－5）和式（7－6）具有无偏特性，则 $\mathbb{E}\{\Xi_{k+1}\} f(\hat{x}_{k+1/k}) = \mathbb{E}\{\hat{y}_{k+1}\}$。因此 $\hat{y}_{k+1}$ 的表达式可以为两种，即，$\hat{y}_{k+1} = \Xi_{k+1} f(\hat{x}_{k+1/k})$ 和 $\hat{y}_{k+1} = \bar{\Xi}_{k+1} f(\hat{x}_{k+1/k})$。由此可得到两种考虑量测概率性丢失的无偏估计器：

（1）具有随机型量测预测的估计器

$$\begin{cases} \hat{x}_{k+1/k} = A_k \hat{x}_{k/k} + g_k \\ \hat{x}_{k+1/k+1} = \hat{x}_{k+1/k} + K_{k+1}[z_{k+1} - \Xi_{k+1} f(\hat{x}_{k+1/k})] \end{cases} \tag{7-40}$$

（2）具有确定型量测预测的估计器

$$\begin{cases} \hat{x}_{k+1/k} = A_k \hat{x}_{k/k} + g_k \\ \hat{x}_{k+1/k+1} = \hat{x}_{k+1/k} + K_{k+1}[z_{k+1} - \bar{\Xi}_{k+1} f(\hat{x}_{k+1/k})] \end{cases} \tag{7-41}$$

此外，基于高斯分布的 3σ 准则，可以计算出

$$C_{k+1} = C(P_{k+1/k}) = 3\mathrm{col}_{\bar{j}}\sqrt{P_{k+1/k}(i,i)}，\quad \mathcal{F}_{k+1} = \mathrm{col}_{\bar{j}}\{G_j(\tilde{x}_{k+1}^{-}(P_{k+1/k}))\} \tag{7-42}$$

其中，$\tilde{x}_{k+1}^{-}(P_{k+1/k}) = \hat{x}_{k+1/k} - C(P_{k+1/k})$。接下来将给出随机型和确定型两种估

计器下的最小误差协方差上界以及对应的滤波增益K_{k+1}，并进一步讨论和分析两种滤波算法的区别。

在此之前，首先介绍如下引理：

引理 7-2 令$A=[a_{ij}]_{q\times q}$为一个随机矩阵，$B=\mathrm{diag}\{b_1,b_2,\cdots,b_q\}$为对角随机矩阵，则

$$\mathbb{E}\{BAB^T\}=\begin{bmatrix}\mathbb{E}\{b_1^2\} & \mathbb{E}\{b_1b_2\} & \cdots & \mathbb{E}\{b_1b_q\}\\ \mathbb{E}\{b_2b_1\} & \mathbb{E}\{b_2^2\} & \cdots & \mathbb{E}\{b_2b_q\}\\ \vdots & \vdots & \ddots & \vdots\\ \mathbb{E}\{b_qb_1\} & \mathbb{E}\{b_qb_2\} & \cdots & \mathbb{E}\{b_q^2\}\end{bmatrix}o\mathbb{E}\{A\} \tag{7-43}$$

7.3.1 量测丢失情形下确定型鲁棒估计器的设计

根据估计器［式（7-41）］，滤波误差可以写为

$$e_{k+1/k+1}=[I_{\bar{i}}-K_{k+1}\Xi_{k+1}(F_{k+1}+0.5\mathcal{C}_{k+1}\varDelta_{k+1}\mathcal{F}_{k+1})]e_{k+1/k}-K_{k+1}\tilde{\Xi}_{k+1}f(\hat{x}_{k+1/k})-K_{k+1}\Xi_{k+1}v_{k+1} \tag{7-44}$$

其中，$\tilde{\Xi}_{k+1}=\Xi_{k+1}-\bar{\Xi}_{k+1}$。基于上面的推导，滤波误差对应的误差协方差矩阵为

$$\begin{aligned}P_{k+1/k+1}=&[I_{\bar{i}}-K_{k+1}\bar{\Xi}_{k+1}(F_{k+1}+0.5\mathcal{C}_{k+1}\varDelta_{k+1}\mathcal{F}_{k+1})]P_{k+1/k}[I_{\bar{i}}-K_{k+1}\bar{\Xi}_{k+1}(F_{k+1}+0.5\mathcal{C}_{k+1}\varDelta_{k+1}\mathcal{F}_{k+1})]^{\mathrm{T}}\\&+K_{k+1}\{\bar{\Lambda}_{k+1}o[(F_{k+1}+0.5\mathcal{C}_{k+1}\varDelta_{k+1}\mathcal{F}_{k+1})P_{k+1/k}(F_{k+1}+0.5\mathcal{C}_{k+1}\varDelta_{k+1}\mathcal{F}_{k+1})^{\mathrm{T}}]\\&+(\Lambda_{k+1}+\bar{\Lambda}_{k+1})oR_{k+1}+\mathbb{E}\{\tilde{\Xi}_{k+1}f(x_{k+1})f^{\mathrm{T}}(x_{k+1})\tilde{\Xi}_{k+1}\}\}K_{k+1}^{\mathrm{T}}\end{aligned} \tag{7-45}$$

通过引理 7-2，则有

$$\mathbb{E}\{\tilde{\Xi}_{k+1}f(\hat{x}_{k+1/k})f^{\mathrm{T}}(\hat{x}_{k+1/k})\tilde{\Xi}_{k+1}\}=\bar{\Lambda}_{k+1}o[f(\hat{x}_{k+1/k})f^{\mathrm{T}}(\hat{x}_{k+1/k})] \tag{7-46}$$

结合式（7-45）和式（7-46），可以直接得到关于滤波误差协方差矩阵的不等式

$$\begin{aligned}P_{k+1/k+1}\leqslant&(I_{\bar{i}}-K_{k+1}\bar{\Xi}_{k+1}F_{k+1})[P_{k+1/k}^{-1}-\mu_{1,k+1}\phi_{k+1}(P_{k+1/k})]^{-1}(I_{\bar{i}}-K_{k+1}\bar{\Xi}_{k+1}F_{k+1})^{\mathrm{T}}\\&+K_{k+1}\{2.25\mu_{1,k+1}^{-1}\mathrm{tr}\{P_{k+1/k}\}\bar{\Xi}_{k+1}\bar{\Xi}_{k+1}+(\Lambda_{k+1}+\bar{\Lambda}_{k+1})oR_{k+1}\\&+\bar{\Lambda}_{k+1}o(F_{k+1}[P_{k+1/k}^{-1}-\mu_{2,k+1}\phi_{k+1}(P_{k+1/k})]^{-1}F_{k+1}^{\mathrm{T}}\\&+2.25\mu_{2,k+1}^{-1}\mathrm{tr}\{P_{k+1/k}\}I_{\bar{j}}+f(\hat{x}_{k+1/k})f^{\mathrm{T}}(\hat{x}_{k+1/k}))\}K_{k+1}^{\mathrm{T}}\end{aligned} \tag{7-47}$$

类似于上小节对误差协方差上界 $\Sigma_{k+1/k+1}$ 的推导，若设置初始条件 $\Sigma_{0/0}=P_{0/0}\geqslant 0$，则可以得出估计器的滤波误差协方差上界为

$$\begin{aligned}\Sigma_{k+1/k+1}&=(I_{\bar{i}}-K_{k+1}\bar{\Xi}_{k+1}F_{k+1})[\Sigma_{k+1/k}^{-1}-\mu_{1,k+1}\phi_{k+1}(\Sigma_{k+1/k})]^{-1}(I_{\bar{i}}-K_{k+1}\bar{\Xi}_{k+1}F_{k+1})^{\mathrm{T}}\\&+K_{k+1}\{2.25\mu_{1,k+1}^{-1}\mathrm{tr}\{\Sigma_{k+1/k}\}\bar{\Xi}_{k+1}\bar{\Xi}_{k+1}+(\Lambda_{k+1}+\bar{\Lambda}_{k+1})oR_{k+1}\\&+\bar{\Lambda}_{k+1}o(F_{k+1}[\Sigma_{k+1/k}^{-1}-\mu_{2,k+1}\phi_{k+1}(\Sigma_{k+1/k})]^{-1}F_{k+1}^{\mathrm{T}}\\&+2.25\mu_{2,k+1}^{-1}\mathrm{tr}\{\Sigma_{k+1/k}\}I_{\bar{j}}+f(\hat{x}_{k+1/k})f^{\mathrm{T}}(\hat{x}_{k+1/k}))\}K_{k+1}^{\mathrm{T}}\end{aligned}\tag{7-48}$$

其中，$\Sigma_{k+1/k}=A_k\Sigma_{k/k}A_k^T+Q_k$，并且对所有的 $0\leqslant k\leqslant\bar{k}$ 都满足 $\Sigma_{k+1/k}>0$，$\Sigma_{k+1/k+1}>0$，且

$$0\leqslant\mu_{1,k+1}\leqslant\mathrm{eig}_{\min}^{-1}\{\Sigma_{k+1/k}\phi_{k+1}(\Sigma_{k+1/k})\},\quad 0\leqslant\mu_{2,k+1}\leqslant\mathrm{eig}_{\min}^{-1}\{\Sigma_{k+1/k}\phi_{k+1}(\Sigma_{k+1/k})\}\tag{7-49}$$

计算 $\mathrm{tr}\{\Sigma_{k+1/k+1}\}/\partial K_{k+1}$ 并令其结果为零，可以进一步获得关于最优滤波增益 K_{k+1} 的表达式

$$\begin{aligned}K_{k+1}=&[\Sigma_{k+1/k}^{-1}-\mu_{1,k+1}\phi_{k+1}(\Sigma_{k+1/k})]^{-1}F_{k+1}^{T}\bar{\Xi}_{k+1}\{\bar{\Xi}_{k+1}F_{k+1}[\Sigma_{k+1/k}^{-1}-\mu_{1,k+1}\phi_{k+1}(\Sigma_{k+1/k})]^{-1}F_{k+1}^{T}\bar{\Xi}_{k+1}\\&+2.25\mu_{1,k+1}^{-1}tr\{\Sigma_{k+1/k}\}\bar{\Xi}_{k+1}\bar{\Xi}_{k+1}+(\Lambda_{k+1}+\bar{\Lambda}_{k+1})oR_{k+1}+\bar{\Lambda}_{k+1}o(2.25\mu_{2,k+1}^{-1}tr\{\Sigma_{k+1/k}\}I_{\bar{j}}\\&+F_{k+1}[\Sigma_{k+1/k}^{-1}-\mu_{2,k+1}\phi_{k+1}(\Sigma_{k+1/k})]^{-1}F_{k+1}^{T}+f(\hat{x}_{k+1/k})f^{T}(\hat{x}_{k+1/k}))\}^{-1}\end{aligned}\tag{7-50}$$

然而，这并不是确定型估计器设计的唯一方法，将式（7－37）中的 $f(\hat{x}_{k+1/k})$ 置换为 $f(x_{k+1})-(F_{k+1}+0.5\mathcal{C}_{k+1}\Delta_{k+1}F_{k+1})e_{k+1/k}$，便可以在确定型估计器框架下设计出另一种误差协方差上界和滤波器增益。

首先，滤波误差可以改写为

$$e_{k+1/k+1}=[I_{\bar{i}}-K_{k+1}\bar{\Xi}_{k+1}(F_{k+1}+0.5\mathcal{C}_{k+1}\Delta_{k+1}\mathcal{F}_{k+1})]e_{k+1/k}-K_{k+1}\tilde{\Xi}_{k+1}f(x_{k+1})-K_{k+1}\Xi_{k+1}v_{k+1}\tag{7-51}$$

对应的协方差矩阵可计算为

$$\begin{aligned}P_{k+1/k+1}=&[I_{\bar{i}}-K_{k+1}\bar{\Xi}_{k+1}(F_{k+1}+0.5\mathcal{C}_{k+1}\Delta_{k+1}\mathcal{F}_{k+1})]P_{k+1/k}\bullet\\&[I_{\bar{i}}-K_{k+1}\bar{\Xi}_{k+1}(F_{k+1}+0.5\mathcal{C}_{k+1}\Delta_{k+1}\mathcal{F}_{k+1})]^{\mathrm{T}}+K_{k+1}\mathbb{E}\{\tilde{\Xi}_{k+1}f(x_{k+1})f^{\mathrm{T}}(x_{k+1})\tilde{\Xi}_{k+1}\}\bullet\\&K_{k+1}^{\mathrm{T}}+K_{k+1}\{(\Lambda_{k+1}+\bar{\Lambda}_{k+1})oR_{k+1}\}K_{k+1}^{\mathrm{T}}\end{aligned}\tag{7-52}$$

同样，为了消除不确定的时变矩阵 $\varDelta_{k+1}$，需要借助不等式引理来获得误差协方差 $P_{k+1/k+1}$ 的上界，继而确定最优的滤波器增益。其主要结论可总结为以下定理。

定理 7-1 考虑一步预测误差的协方差矩阵［式（7-34）］和滤波误差的协方差矩阵［式（7-52）］，并且设置 $a_{1,k}$，$a_{2,k}$，ε_k 和 μ_k 为正常数，如果下述黎卡提型差分方程二

$$\varSigma_{k+1/k}=A_k\varSigma_{k/k}A_k^{\mathrm{T}}+Q_k \tag{7-53}$$

$$\begin{aligned}\varSigma_{k+1/k+1}=&(I_{\bar{i}}-K_{k+1}\bar{\Xi}_{k+1}F_{k+1})[\varSigma_{k+1/k}^{-1}-\mu_{k+1}\phi_{k+1}(\varSigma_{k+1/k})]^{-1}(I_{\bar{i}}-K_{k+1}\bar{\Xi}_{k+1}F_{k+1})^{\mathrm{T}}\\&+K_{k+1}\{\mathcal{L}_{k+1}(\varSigma_{k+1/k})+2.25\mu_{k+1}^{-1}\mathrm{tr}\{\varSigma_{k+1/k}\}\bar{\Xi}_{k+1}\bar{\Xi}_{k+1}+(\Lambda_{k+1}+\bar{\Lambda}_{k+1})oR_{k+1}\}K_{k+1}^{\mathrm{T}}\end{aligned} \tag{7-54}$$

在初始条件 $\varSigma_{0/0}=P_{0/0}>0$ 下有正定解 $\varSigma_{k+1/k}$ 和 $\varSigma_{k+1/k+1}$，并且对所有的 $0\leqslant k\leqslant\bar{k}$ 都满足约束

$$0\leqslant\mu_{k+1}\leqslant\mathrm{eig}_{\min}^{-1}\{\varSigma_{k+1/k}\phi_{k+1}(\varSigma_{k+1/k})\} \tag{7-55}$$

$$\mathcal{L}_{k+1}(\varSigma_{k+1/k})=2[a_{1,k+1}^2\mathrm{tr}\{(1+\varepsilon_{k+1})\varSigma_{k+1/k}+(1+\varepsilon_{k+1}^{-1})\hat{x}_{k+1/k}\hat{x}_{k+1/k}^T\}+a_{2,k+1}^2]\bar{\Lambda}_{k+1}oI_{\bar{j}} \tag{7-56}$$

$$\begin{aligned}K_{k+1}=&[\varSigma_{k+1/k}^{-1}-\mu_{k+1}\phi_{k+1}(\varSigma_{k+1/k})]^{-1}F_{k+1}^{\mathrm{T}}\bar{\Xi}_{k+1}\{\bar{\Xi}_{k+1}F_{k+1}[\varSigma_{k+1/k}^{-1}-\mu_{k+1}\phi_{k+1}(\varSigma_{k+1/k})]^{-1}F_{k+1}^{\mathrm{T}}\bar{\Xi}_{k+1}\\&+\Lambda_{k+1}o(2.25\mu_{k+1}^{-1}\mathrm{tr}\{\varSigma_{k+1/k}\}I_{\bar{j}}+R_{k+1})+\mathcal{L}_{k+1}(\varSigma_{k+1/k})\}^{-1}\end{aligned} \tag{7-57}$$

则矩阵 $\varSigma_{k+1/k+1}$ 为滤波误差协方差的一个上界，即满足 $P_{k+1/k+1}\leqslant\varSigma_{k+1/k+1}$。此外，式（7-57）给出的滤波器增益 K_{k+1} 可以保证 $\varSigma_{k+1/k+1}$ 上界的迹最小。

定理 7-1 证明见附录 B。

7.3.2 量测丢失情形下随机型鲁棒估计器的设计

估计器［式（7-40）］的滤波误差表达式可以写为

$$e_{k+1/k+1}=[I_{\bar{i}}-K_{k+1}\Xi_{k+1}(F_{k+1}+0.5\mathcal{C}_{k+1}\varDelta_{k+1}\mathcal{F}_{k+1})]e_{k+1/k}-K_{k+1}\Xi_{k+1}v_{k+1} \tag{7-58}$$

则滤波误差对应的误差协方差矩阵为

$$
\begin{aligned}
P_{k+1/k+1} &= \mathbb{E}\{e_{k+1/k+1}e_{k+1/k+1}^{\mathrm{T}}\} \\
&= \mathbb{E}\{[I_{\bar{i}} - K_{k+1}\Xi_{k+1}(F_{k+1} + 0.5\mathcal{C}_{k+1}\varDelta_{k+1}\mathcal{F}_{k+1})]e_{k+1/k}e_{k+1/k}^{\mathrm{T}} \bullet \\
&\quad [I_{\bar{i}} - K_{k+1}\Xi_{k+1}(F_{k+1} + 0.5\mathcal{C}_{k+1}\varDelta_{k+1}\mathcal{F}_{k+1})]^{\mathrm{T}}\} \\
&\quad + K_{k+1}\mathbb{E}\{\Xi_{k+1}v_{k+1}v_{k+1}^{\mathrm{T}}\Xi_{k+1}\}K_{k+1}^{\mathrm{T}}
\end{aligned} \tag{7-59}
$$

由于式（7-58）中存在着由线性化误差引入的不确定量 $\varDelta_{k+1}$，所以通常难以计算滤波误差协方差的真实值，为了保证滤波器的鲁棒性，可转而求取滤波误差协方差的一个上界，使之能够包含线性化误差带来的不确定性干扰。以下定理给出一个滤波误差协方差上界。

定理 7-2　考虑一步预测误差协方差［式（7-34）］和滤波误差协方差［式（7-59）］，如果下述黎卡提型差分方程三

$$
\varSigma_{k+1/k} = A_k\varSigma_{k/k}A_k^{\mathrm{T}} + Q_k \tag{7-60}
$$

$$
\begin{aligned}
\varSigma_{k+1/k+1} &= (I_{\bar{i}} - K_{k+1}\bar{\Xi}_{k+1}F_{k+1})[\varSigma_{k+1/k}^{-1} - \mu_{1,k+1}\phi_{k+1}(\varSigma_{k+1/k})]^{-1}(I_{\bar{i}} - K_{k+1}\bar{\Xi}_{k+1}F_{k+1})^{\mathrm{T}} \\
&\quad + K_{k+1}\{2.25\mu_{1,k+1}^{-1}\mathrm{tr}\{\varSigma_{k+1/k}\}\bar{\Xi}_{k+1}\bar{\Xi}_{k+1} + (\Lambda_{k+1} + \bar{\Lambda}_{k+1})oR_{k+1} \\
&\quad + \bar{\Lambda}_{k+1}o(F_{k+1}[\varSigma_{k+1/k}^{-1} - \mu_{2,k+1}\phi_{k+1}(\varSigma_{k+1/k})]^{-1}F_{k+1}^{\mathrm{T}} + 2.25\mu_{2,k+1}^{-1}\mathrm{tr}\{\varSigma_{k+1/k}\}I_{\bar{j}})\}K_{k+1}^{\mathrm{T}}
\end{aligned} \tag{7-61}
$$

其中

$$
\phi_{k+1}(\varSigma_{k+1/k}) = \mathrm{col}_{\bar{j}}^{\mathrm{T}}\{G_j(\tilde{x}_{j,k+1}^{-}(\varSigma_{k+1/k}))\}\mathrm{col}_{\bar{j}}\{G_j(\tilde{x}_{j,k+1}^{-}(\varSigma_{k+1/k}))\} \tag{7-62}
$$

$$
\Lambda_{k+1} = \begin{bmatrix}
(\bar{\lambda}_{k+1}^{1})^2 & \bar{\lambda}_{k+1}^{1}\bar{\lambda}_{k+1}^{2} & \cdots & \bar{\lambda}_{k+1}^{1}\bar{\lambda}_{k+1}^{\bar{j}} \\
\bar{\lambda}_{k+1}^{2}\bar{\lambda}_{k+1}^{1} & (\bar{\lambda}_{k+1}^{2})^2 & \cdots & \bar{\lambda}_{k+1}^{2}\bar{\lambda}_{k+1}^{\bar{j}} \\
\vdots & \vdots & \ddots & \vdots \\
\bar{\lambda}_{k+1}^{\bar{j}}\bar{\lambda}_{k+1}^{1} & \bar{\lambda}_{k+1}^{\bar{j}}\bar{\lambda}_{k+1}^{2} & \cdots & (\bar{\lambda}_{k+1}^{\bar{j}})^2
\end{bmatrix} \tag{7-63}
$$

$$
\bar{\Lambda}_{k+1} = \mathrm{diag}\{\bar{\lambda}_{k+1}^{1} - (\bar{\lambda}_{k+1}^{1})^2, \bar{\lambda}_{k+1}^{2} - (\bar{\lambda}_{k+1}^{2})^2, \cdots, \bar{\lambda}_{k+1}^{\bar{j}} - (\bar{\lambda}_{k+1}^{\bar{j}})^2\} \tag{7-64}
$$

在初始条件 $\varSigma_{0/0} = P_{0/0} \geqslant 0$ 下有正定解 $\varSigma_{k+1/k}$ 和 $\varSigma_{k+1/k+1}$，并且对所有的 $0 \leqslant k \leqslant \bar{k}$ 皆满足约束条件

$$
0 \leqslant \mu_{1,k+1} \leqslant \mathrm{eig}_{\min}^{-1}\{\varSigma_{k+1/k}\phi_{k+1}(\varSigma_{k+1/k})\},\quad 0 \leqslant \mu_{2,k+1} \leqslant \mathrm{eig}_{\min}^{-1}\{\varSigma_{k+1/k}\phi_{k+1}(\varSigma_{k+1/k})\} \tag{7-65}
$$

则矩阵 $\varSigma_{k+1/k+1}$ 为滤波误差协方差矩阵 $P_{k+1/k+1}$ 的一个上界，即，$P_{k+1/k+1} \leqslant \varSigma_{k+1/k+1}$，并且通过以下滤波器增益使得此上界最小。

$$K_{k+1}=[\Sigma_{k+1/k}^{-1}-\mu_{1,k+1}\phi_{k+1}(\Sigma_{k+1/k})]^{-1}F_{k+1}^{\mathrm{T}}\bar{\Xi}_{k+1}\{2.25\mu_{1,k+1}^{-1}\mathrm{tr}\{\Sigma_{k+1/k}\}\bar{\Xi}_{k+1}\bar{\Xi}_{k+1}$$
$$+\bar{\Xi}_{k+1}F_{k+1}[\Sigma_{k+1/k}^{-1}-\mu_{1,k+1}\phi_{k+1}(\Sigma_{k+1/k})]^{-1}F_{k+1}^{\mathrm{T}}\bar{\Xi}_{k+1}+(\Lambda_{k+1}+\bar{\Lambda}_{k+1})oR_{k+1}$$
$$+\bar{\Lambda}_{k+1}o(F_{k+1}[\Sigma_{k+1/k}^{-1}-\mu_{2,k+1}\phi_{k+1}(\Sigma_{k+1/k})]^{-1}F_{k+1}^{\mathrm{T}}+2.25\mu_{2,k+1}^{-1}\mathrm{tr}\{\Sigma_{k+1/k}\}I_{\bar{j}})\}^{-1} \tag{7-66}$$

定理 7－2 证明见附录 C。

7.4 仿 真 分 析

IEEE 13 节点配电网测试系统，其线路拓扑结构如图 7－2 所示。

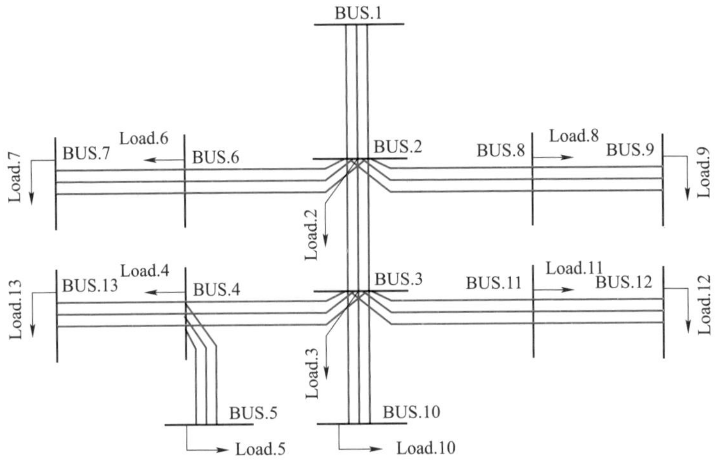

图 7－2　IEEE 13 节点配电网测试系统

在仿真过程中假设为全量测，即网络中每相节点都有电压幅值和注入功率量测，每相线路都有线路功率量测，则总量测数 $m=195$ 。假设系统和量测噪声的方差分别为 10^{-3} 和 10^{-4} ，则对应的协方差矩阵取值为 $w_k=10^{-3}I_{78}$ 和 $v_k=10^{-4}I_{78}$；设置初始误差协方差矩阵 $P_{0/0}=\bar{P}_{0/0}=10^{-4}I_{78}$；在仿真过程中对参数进行设置并调整从而获得最优的滤波性能，最优滤波精度下的参数设置为 $\alpha=0.8$ 、 $\beta=0.3$ ， $a_1=7.5$ 、 $a_2=0.05$ 、 $\eta_{1,k}=0.4$ 、 $\eta_{2,k}=0.35$ 、 $\varepsilon_k=0.002$ ， $C_k=10^{-3}I_{195\times195}$ 、 $L_k=10^{-3}I_{78}$ 。

在仿真中设置了 P_k^i 分别为 1、0.9、0.8、0.7、0.6、0.5 时这 6 种情况作对比，以反映在不同丢失概率下所提出的递归滤波的性能。如图 7－3 所示，黑色点表示采样时刻对应的量测没有发生丢失现象，即 $\sigma_k^i=1$；白色点则表示发生了丢失，即 $\sigma_k^i=0$。从图 7−3 可以发现，随着参数 P_k^i 不断减小，黑色点越稀疏表示量测数据在传输至远端估计器之前丢失的越多。

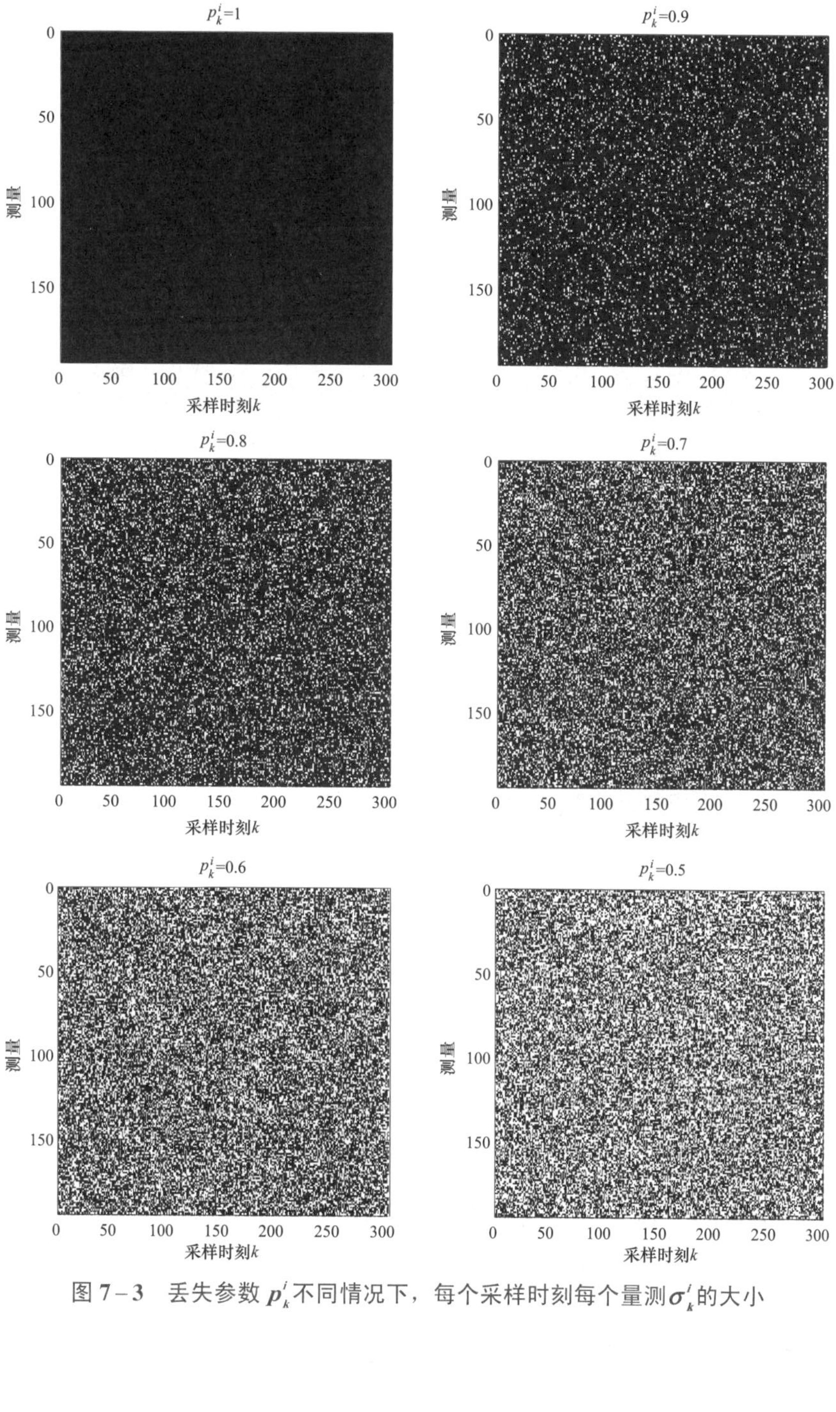

图 7−3　丢失参数 p_k^i 不同情况下，每个采样时刻每个量测 σ_k^i 的大小

为了体现递归滤波算法的优越性，在不同的数据丢失率下，将常规 EKF 与之进行比较，滤波性能指标由均方误差（mean square error，MSE）来表示，其表达式为

$$\mathrm{MSE}=\frac{1}{6n}\sum_{i=1}^{6n}\left(x_k-\hat{x}_{k/k}\right)^2 \tag{7-67}$$

不同丢失率情况下递归滤波与 EKF 的 MSE 比较结果如图 7-4 所示。

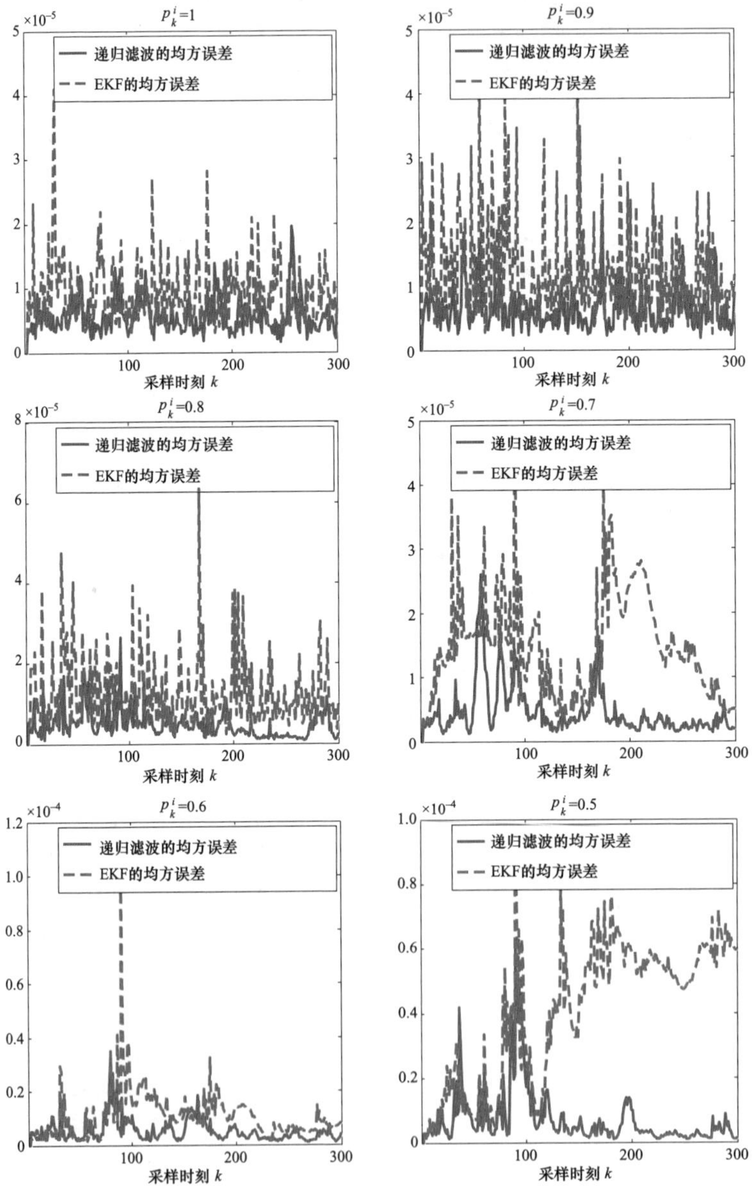

图 7-4　不同丢失率情况下递归滤波与 EKF 的 MSE 比较

从图 7-4 中可以看出，所提出的递归滤波在估计精度上要优于 EKF，并且随着丢失概率的不断增大，优势效果更佳明显。原因有两方面：

（1）传统 EKF 利用泰勒公式将非线性函数线性化后省略了高阶项，而递归滤波，保留了高阶项并将其视为有界不确定的，减少了线性化误差对滤波精度的影响；

（2）传统 EKF 未将数据丢失现象考虑到滤波器的设计中，而文章所提出的递归滤波做了这方面的工作，提高了在数据丢包现象下的滤波精度。

另外，在参数 $P_k^i = 0.9$ 的情况下，状态的实际曲线与估计曲线比较情况如图 7-5 所示，可以看出提出的递归滤波具有良好的滤波性能。

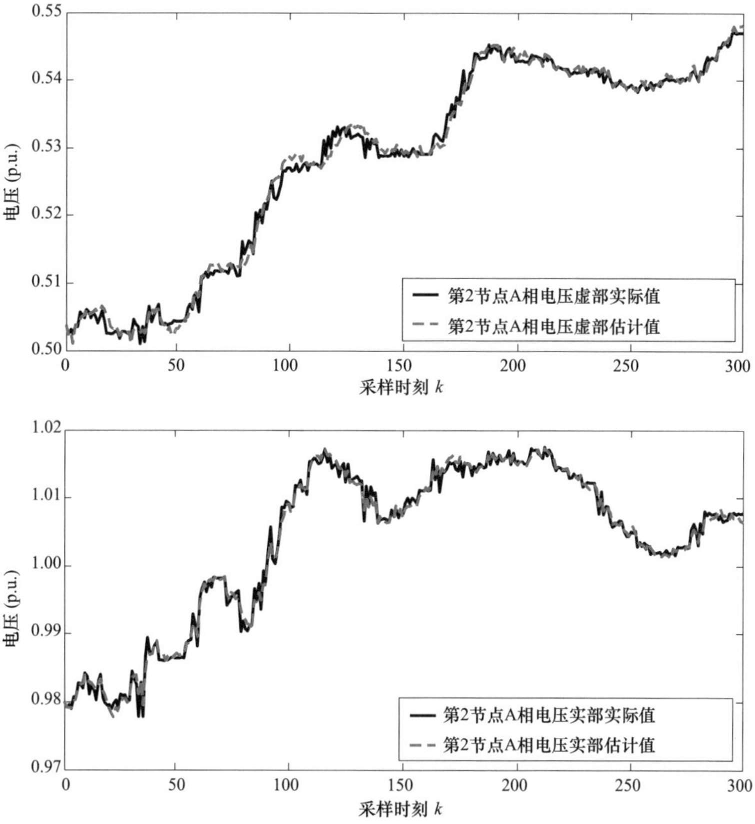

图 7-5　$p_k^i = 0.9$ 情况下，节点 2 的 A 相电压的实际值与估计值的比较

此外，对于量测丢失下的随机型和确定型鲁棒滤波算法，也可以通过仿真得到如下结论：在任意程度的数据丢包情况下，随机型鲁棒滤波算法的估计性能会明显优于确定型滤波算法。

第 8 章 基于事件触发机制的配电网状态估计

在未来配电网中，先进传感器设备的广泛部署将产生大量的数据信息，使得通信系统中网络堵塞这一问题愈加严重。为了解决有限通信带宽条件下的配电网状态估计问题，本章提出了一种基于事件触发机制的配电网状态估计方法。在滤波器设计中，充分考虑到事件触发通信对观测信息产生的影响，并计算得到滤波误差协方差矩阵。为了便于滤波器设计，在滤波算法的推导中，通过一些引理引入了一些参数，如 μ_{k+1} 和 ν_{k+1}，从而获得误差协方差矩阵的上界 $\Sigma_{k+1/k+1}$，并通过设计合适的滤波器增益 K_{k+1} 使得这个上界最小。仿真结果表明，所提出的滤波算法能减少由事件触发引起不确定观测所带来的影响，使得估计器能够在保障估计性能情况下节约更多通信资源，也进一步证实了所提出滤波算法的有效性。

8.1 系 统 模 型

在配电网量测信息的传输过程中，为了减少不必要的信号传输，可采用基于事件触发的数据传输策略，减轻网络带宽有限造成的传输网络堵塞问题。事件触发策略大致可以分为“基于量测执行（measurement-based，MB）”和“基于估计执行（estimation-based，EB）”两大类。MB 是指触发器是否执行触发仅仅只需根据量测数据的变化来实现，而 EB 策略则需要依据估计信息来触发传输动作。事件触发的每次执行都需要远程估计器反馈一个下一时刻量测的预测

值 $\hat{y}_k^-$，由此来构成一个闭环执行策略，如图 8-1 所示，其触发方案可由下式表示

$$\gamma_k=\begin{cases}0 & \xi_k \leqslant \varphi(y_k,\hat{y}_{\bar{k}}) \\ 1 & \xi_k > \varphi(y_k,\hat{y}_{\bar{k}})\end{cases} \tag{8-1}$$

式中　$\xi_k > \varphi(y_k,\hat{y}_{\bar{k}})$ ——触发条件；

$\varphi(y_k,\hat{y}_{\bar{k}})$ ——触发函数；

ξ_k ——触发阈值。

对于网络化量测下的事件触发机制，EB 闭环触发传输策略的传输要参考系统估计信息的变化来进行触发。尽管 EB 触发策略有利于提高量测信息传输的可靠性和估计的准确性，但是网络的每个区域将需要接收大量的反馈信息，这无疑会增加通信系统的复杂程度以及不必要的通信延时。MB 型开环触发策略的系统终端存在一个估计器，传感器的量测数据是否被传输至远端估计器，需要本地估计器的参与，如图 8-2 所示。这种事件触发器结构简单，并且合理选择触发条件可以满足状态估计信息量测的需求。

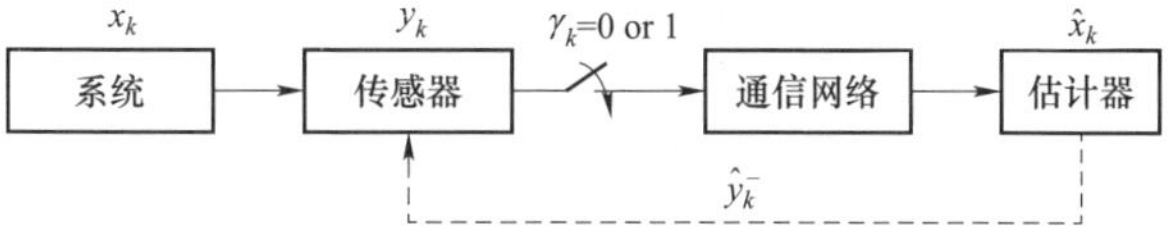

图 8-1　基于闭环事件触发策略的远程状态估计

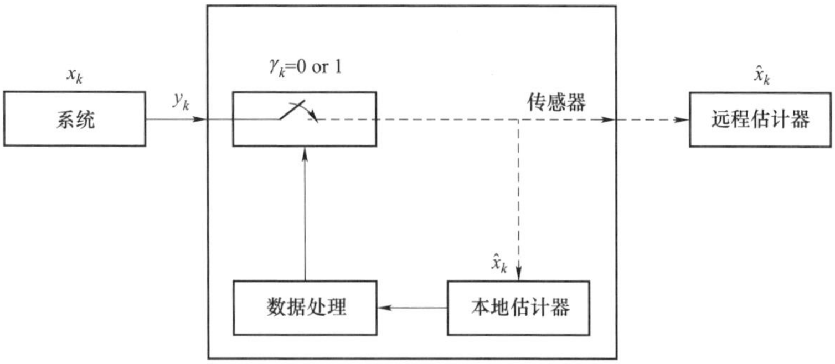

图 8-2　基于含有本地估计器开环事件触发的远程状态估计

充分考虑电力配电网量测的实际情况，设计 MB 型开环事件触发策略，如图 8-3 所示。在此事件触发传输策略中，配电网的量测数据首先经过事件触发装置然后再传输至远程估计器，事件发生器根据采集数据的变化特征有规律地

进行筛选并传输至通信网络。在远程估计器处设置一个触发探测器，进一步探测在当前时刻终端的数据是否已经传输，从而进一步向估计器提供估计参数及观测值。

根据图 8-3，接下来将进一步介绍这种基于事件触发的数据传输策略。

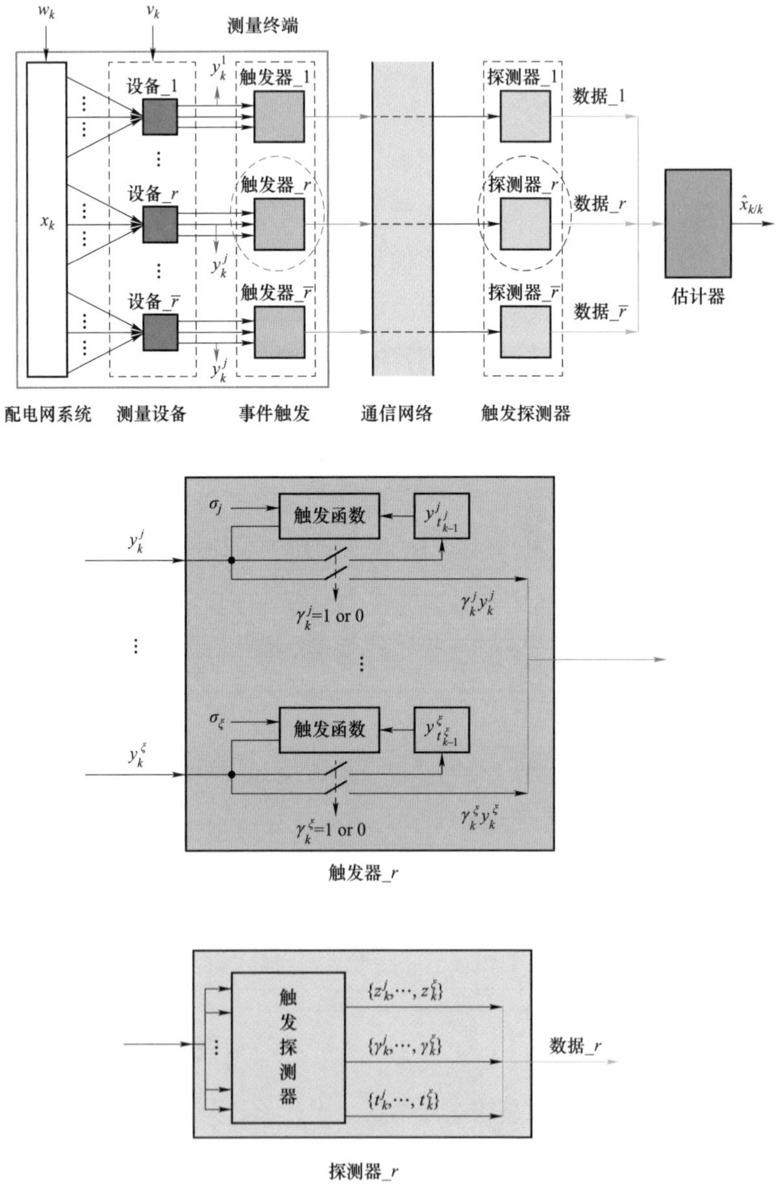

图 8-3　基于事件触发方案的配电网 FASE

首先，事件发生器中的触发函数定义为

$$\ell(y_{t_{k-1}^j}^j, y_k^j, \sigma_j) = |y_{t_{k-1}^j}^j - y_k^j| - \sigma_j \tag{8-2}$$

式中　$\sigma_j > 0$——触发阈值，其控制着数据的传输频率和非触发误差；

$y_{t_{k-1}^j}^j$——第 j 个量测终端在 t_{k-1}^j 时刻量测的数据；

y_k^j——第 j 个量测终端在 k 时刻量测的数据；

t_{k-1}^j——第 j 个事件发生器离 k 时刻最近的触发时刻，并且满足 $0 < t_1^j \leqslant t_2^j, \cdots, \leqslant t_{k-1}^j \leqslant t_k^j \leqslant k$；

$\ell(y_{t_{k-1}^j}^j, y_k^j, \sigma_j)$——触发函数。

另外，事件发生器的执行过程描述如下：

（1）当触发函数 $\ell(y_{t_{k-1}^j}^j, y_k^j, \sigma_j) > 0$ 时，事件发生器触发（置 $\gamma_k^j = 1$），触发器的量测输出被释放至通信网络，在这种情况下，$t_k^j = k$。

（2）当触发函数 $\ell(z_{t_{k-1}^j}^j, y_k^j, \sigma_j) \leqslant 0$ 时，事件发生器不被触发（置 $\gamma_k^j = 0$），在估计器中，当前的观测将由上一时刻的观测代替，在这种情况下，$t_k^j = t_{k-1}^j$。

因此，估计器当前的观测向量可以表达为 $z_k = \mathrm{col}_{\bar{j}}\{z_k^j\}$，其中 $z_k^j = y_{t_k^j}^j$。

由于事件触发机制的执行，估计器接收的观测值通常是不完整的，这种不可避免的观测误差被称为非触发误差。幸运的是，远程估计器在接收间歇传输的数据时也可以获取了以下三条信息，这将有利于随后鲁棒滤波器的设计。

（1）当前的观测值 z_k^j。

（2）触发器的触发序列已知，t_k^j 标记了当前观测的数据来源。

（3）非触发误差 ρ_k^j 的范围已知，即 $|\rho_k^j| \leqslant \sigma_j$，其中 $\rho_k^j = z_k^j - y_k^j$。

在以下的估计器设计中，将使用以上已知信息来减少非触发误差对估计器的干扰，从而提高滤波性能。

8.2　事件触发机制下量测模型

首先，构造如下形式的递推估计器

$$\hat{x}_{k+1/k} = F_k \hat{x}_{k/k} + g_k \tag{8-3}$$

$$\hat{x}_{k+1/k+1} = \hat{x}_{k+1/k} + K_{k+1}[z_{k+1} - \hat{\rho}_{k+1} - f(\hat{x}_{k+1/k})] \tag{8-4}$$

定义 $\hat{\rho}_{k+1}=E\{p_{k+1}\}$，其中 $\rho_{k+1}=\mathrm{col}_{\bar{j}}\{p_{k+1}^{j}\}$， K_{k+1} 为待设计的滤波器增益。将观测向量 $z_{t_{k+1}}$ 写为 $z_{k+1}=y_{k+1}+\rho_{k+1}$，则 $K+1$ 时刻的估计可以重新写为

$$\hat{x}_{k+1/k+1}=\hat{x}_{k+1/k}+K_{k+1}[y_{k+1}+\rho_{k+1}-\hat{\rho}_{k+1}-f(\hat{x}_{k+1/k})] \tag{8-5}$$

因为非线性误差更有利于实现更优的估计性能，将其用做于非线性函数 $f(x_k)$ 的处理方法，由此得到零均值的一步预测误差和滤波误差为

$$e_{k+1/k}=x_{k+1}-\hat{x}_{k+1/k}=A_k e_{k/k}+\omega_k \tag{8-6}$$

$$\begin{aligned}e_{k+1/k+1}&=x_{k+1}-\hat{x}_{k+1/k+1}\\&=[I_{\bar{i}}-K_{k+1}(F_{k+1}+0.5\mathcal{C}_{k+1}\varDelta_{k+1}\mathcal{F}_{k+1})]e_{k+1/k}-K_{k+1}\tilde{\rho}_{k+1}-K_{k+1}v_{k+1}\end{aligned} \tag{8-7}$$

其中， $\tilde{p}_{k+1}=p_{k+1}-\hat{p}_{k+1}$， $\varDelta_{k+1}$ 为一个未知时变矩阵并满足 $\varDelta_{k+1}\varDelta_{k+1}^{T}\leqslant I_{\bar{i}\bar{j}}$，在基于预测误差服从零均值高斯分布的前提下，提出了这种线性化方法，然而在这里，预测误差可以证明为满足零均值对称分布的随机变量，于是可设置合适的尺度参数 ϖ，使得不等式 $|e_{k+1/k}|\leqslant\varpi\mathrm{col}_{\bar{j}}\sqrt{P_{k+1/k}(i,i)}$ 近似成立。式（8-7）中，$F_{k+1}=\mathrm{col}_{\bar{j}}\{G_j[\hat{x}_{k+1/k}-\varpi\mathrm{col}_{\bar{j}}\sqrt{P_{k+1/k}(i,i)}]\}$，其中

$$G_j[\hat{x}_{k+1/k}-\varpi\mathrm{col}_{\bar{j}}\sqrt{P_{k+1/k}(i,i)}]=\partial^2 f_j(x)/\partial x^2\,|\{x=\hat{x}_{k+1/k}-\varpi\mathrm{col}_j\sqrt{P_{k+1/k}(i,i)}\} \tag{8-8}$$

一步预测误差协方差矩阵和误差协方差矩阵分别表示为

$$P_{k+1/k}=\mathbb{E}\{e_{k+1/k}e_{k+1/k}^{\mathrm{T}}\}=A_k P_{k/k}A_k^{\mathrm{T}}+Q_k \tag{8-9}$$

$$\begin{aligned}P_{k+1/k+1}&=\mathbb{E}\{e_{k+1/k+1}e_{k+1/k+1}^{\mathrm{T}}\}\\&=[I_{\bar{i}}-K_{k+1}(F_{k+1}+0.5\mathcal{C}_{k+1}\varDelta_{k+1}\mathcal{F}_{k+1})]P_{k+1/k}[I_{\bar{i}}-K_{k+1}(F_{k+1}+0.5\mathcal{C}_{k+1}\varDelta_{k+1}\mathcal{F}_{k+1})]^{\mathrm{T}}\\&\quad+K_{k+1}\{\mathbb{E}\{\tilde{\rho}_{k+1}\tilde{\rho}_{k+1}^{\mathrm{T}}\}+R_{k+1}\}K_{k+1}^{\mathrm{T}}+Z_{k+1}+Z_{k+1}^{\mathrm{T}}+Y_{k+1}+Y_{k+1}^{\mathrm{T}}\end{aligned} \tag{8-10}$$

其中

$$Z_{k+1}=[I_{\bar{i}}-K_{k+1}(F_{k+1}+0.5\mathcal{C}_{k+1}\varDelta_{k+1}\mathcal{F}_{k+1})]\mathbb{E}\{e_{k+1/k}\tilde{\rho}_{k+1}^{\mathrm{T}}\}K_{k+1}^{\mathrm{T}} \tag{8-11}$$

$$Y_{k+1}=K_{k+1}\mathbb{E}\{\tilde{\rho}_{k+1}v_{k+1}^{\mathrm{T}}\}K_{k+1}^{\mathrm{T}} \tag{8-12}$$

8.3 基于事件触发的估计器设计

首先，确定式（8-5）中非触发误差的均值 $\hat{\rho}_{k+1}$，根据以上对于事件触发

的描述可以明白非触发误差向量可以表示为 $\rho_{k+1}=\text{col}_{\bar{j}}\{p_{k+1}^{j}\}=\text{col}_{\bar{j}}\{y_{t_{k+1}^{j}}^{j}-y_{k+1}^{j}\}$，并且 $E\{y_{k+1}^{j}\}=f_j(\hat{x}_{k+1/k})$，$E\{y_{t_{k+1}^{j}}^{j}\}=f_j(\hat{x}_{t_{k+1}^{j}/t_{k+1}^{j}-1})$，因此，可以得到

$$\mathbb{E}\{\rho_{k+1}\}=\hat{\rho}_{k+1}=\tilde{f}_{k+1}-f(\hat{x}_{k+1/k}) \tag{8-13}$$

其中
$$\tilde{f}_{k+1}=\text{col}_{\bar{j}}\{f_j(\hat{x}_{t_{k+1}^{j}/t_{k+1}^{j}-1})\}$$

以上针对远程中心在接收间歇量测的情况下设计了一种合适的无偏估计器框架，接下来将进一步设计最优的滤波器增益以及误差协方差上界。设计方法由如下定理给出。

定理 8-1　考虑配电网系统以及为此系统设计的带有触发观测的滤波器［式（8-3）和式（8-4）］，定义如下两个黎卡提型差分方程四

$$\Sigma_{k+1/k}=A_k\Sigma_{k/k}A_k^T+Q_k \tag{8-14}$$

$$\begin{aligned}\Sigma_{k+1/k+1}=&(1+\mu_{k+1})(I_{\bar{i}}-K_{k+1}F_{k+1})[\Sigma_{k+1/k}^{-1}-\upsilon_{k+1}\phi_{k+1}(\Sigma_{k+1/k})]^{-1}(I_{\bar{i}}-K_{k+1}F_{k+1})^{\mathrm{T}}\\&+K_{k+1}\{0.25\varpi^2\upsilon_{k+1}^{-1}(1+\mu_{k+1})\text{tr}\{\Sigma_{k+1/k}\}I_{\bar{j}}+\mathcal{R}_{k+1}+(1+\mu_{k+1}^{-1})\xi_{k+1}\xi_{k+1}^{\mathrm{T}}-\hat{\rho}_{k+1}\hat{\rho}_{k+1}^{\mathrm{T}}\}K_{k+1}^{\mathrm{T}}\end{aligned} \tag{8-15}$$

式中　$\mathcal{R}_{k+1}$——$(2\Gamma_{k+1}-I_{\bar{j}})R_{k+1}$；

Γ_{k+1}——$\text{diag}\{\gamma_{k+1}^{1},\cdots,\gamma_{k+1}^{j},\cdots,\gamma_{k+1}^{\bar{j}}\}$；

ξ_{k+1}——$\text{col}_{\bar{j}}\{\hat{\sigma}_{k+1}^{j}\}$；

$\hat{\sigma}_{k+1}^{j}$——$(1-\gamma_{k+1}^{j})\sigma_{k+1}^{j}$。

另外，μ_{k+1} 和 υ_{k+1} 为正标量。

给定初始条件 $\Sigma_{0/0}=P_{0/0}\geqslant 0$，如果式（8-14）和式（8-15）有正定解 $\Sigma_{k+1/k}$ 和 $\Sigma_{k+1/k+1}$，并且对所有的 $0\leqslant k\leqslant \bar{k}$ 满足约束条件

$$0\leqslant \upsilon_{k+1}\leqslant \text{eig}_{\min}^{-1}\{\Sigma_{k+1/k}\phi_{k+1}(\Sigma_{k+1/k})\} \tag{8-16}$$

若采用下式给出的滤波器增益

$$\begin{aligned}K_{k+1}=&(1+\mu_{k+1})[\Sigma_{k+1/k}^{-1}-\upsilon_{k+1}\phi_{k+1}(\Sigma_{k+1/k})]^{-1}F_{k+1}^{\mathrm{T}}\bullet\\&\{0.25\varpi^2\upsilon_{k+1}^{-1}(1+\mu_{k+1})\text{tr}\{\Sigma_{k+1/k}\}I_{\bar{j}}+\mathcal{R}_{k+1}+(1+\mu_{k+1}^{-1})\xi_{k+1}\xi_{k+1}^{\mathrm{T}}\\&-\hat{\rho}_{k+1}\hat{\rho}_{k+1}+(1+\mu_{k+1})F_{k+1}[\Sigma_{k+1/k}^{-1}-\upsilon_{k+1}\phi_{k+1}(\Sigma_{k+1/k})]^{-1}F_{k+1}^{\mathrm{T}}\}^{-1}\end{aligned} \tag{8-17}$$

并且满足不等式

$$0.25\varpi^2 \upsilon_{k+1}^{-1}(1+\mu_{k+1})tr\{\Sigma_{k+1/k}\}I_{\bar{j}} + \mathcal{R}_{k+1} + (1+\mu_{k+1}^{-1})\xi_{k+1}\xi_{k+1}^{\mathrm{T}} - \hat{\rho}_{k+1}\hat{\rho}_{k+1}^{\mathrm{T}} \\ +(1+\mu_{k+1})F_{k+1}[\Sigma_{k+1/k}^{-1} - \upsilon_{k+1}\phi_{k+1}(\Sigma_{k+1/k})]^{-1}F_{k+1}^{\mathrm{T}} \geqslant 0 \tag{8-18}$$

则矩阵 $\Sigma_{k+1/k+1}$ 为 $P_{k+1/k+1}$ 的上界，即 $P_{k+1/k+1} \leqslant \Sigma_{k+1/k+1}$。进而，由式（8-17）给出的滤波器增益 K_{k+1} 可以保证上界 $\Sigma_{k+1/k+1}$ 的迹最小。

定理 8-1 证明见附录 D。

8.4 仿 真 分 析

8.4.1 事件触发机制的影响

事件触发机制对通信数据和估计器观测都具有一定的影响，为了反映这种影响，定义平均触发阈值 $\bar{\sigma}$，平均触发参数 $\bar{\hat{\sigma}}$，平均通信率 ψ 以及平均非触发误差 $\bar{\rho}$，它们的表达式分别为

$$\bar{\sigma} = \frac{1}{\bar{j}}\sum_{j=1}^{j=\bar{j}}\sigma_j\ ,\quad \bar{\hat{\sigma}} = \frac{1}{\bar{j}\times\bar{k}}\sum_{j=1}^{j=\bar{j}}\sum_{k=1}^{k=\bar{k}}\hat{\sigma}_{j,k}\ ,\quad \psi = \frac{1}{\bar{j}\times\bar{k}}\sum_{j=1}^{j=\bar{j}}\sum_{k=1}^{k=\bar{k}}\gamma_k^j\ ,\quad \bar{\rho} = \frac{1}{\bar{j}\times\bar{k}}\sum_{j=1}^{j=\bar{j}}\sum_{k=1}^{k=\bar{k}}\rho_k^j \tag{8-19}$$

从图 8-4 中可以看出，随着触发阈值的增加，相应的触发参数持续增加而通信频率持续减少，这是由于触发条件中触发阈值较大的问题导致的，较大的触发阈值阻止了更多的量测数据传输至远程估计中心。另外，从图 8-4（b）中

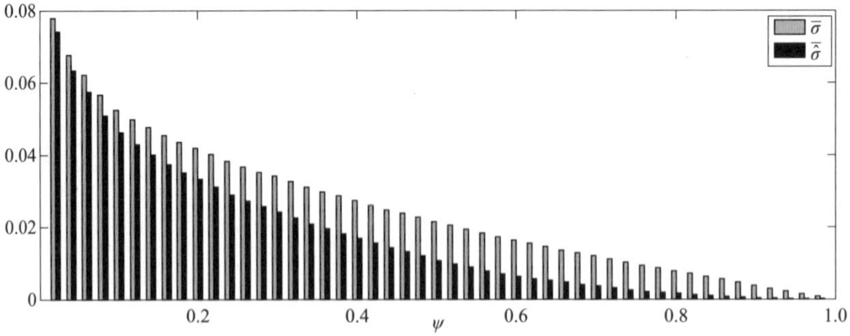

(a)

图 8-4　触发阈值、触发参数、通信率、非触发误差之间的关系（一）
（a）通信频率与触发阈值和触发参数的关系

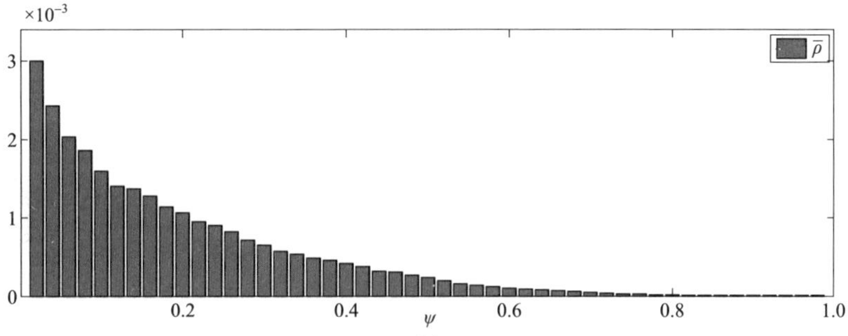

(b)

图 8-4　触发阈值、触发参数、通信率、非触发误差之间的关系（二）

（b）通信频率和触发误差的关系

可以看出，触发频率的增加有助于减少非触发误差，从而能够减轻事件触发机制对估计器观测的影响，这也体现了通信频率与估计器观测精度是矛盾的，因此鲁棒估计器要能够很好地缓解二者间的矛盾。

从图 8-4 中进一步选择四种情况以便于对算法进行验证以及对仿真结果进行分析，这四种情况的基本数据如表 8-1 所示。

表 8-1　四种情况下 $\bar{\sigma}$ 、$\bar{\hat{\sigma}}$ 、ψ 及 $\bar{\rho}$ 的数值

情况	$\bar{\sigma}$	$\bar{\hat{\sigma}}$	ψ	$\bar{\rho}$
情况 1	7.1×10^{-3}	1.3×10^{-3}	80%～15%	1.275×10^{-5}
情况 2	1.54×10^{-2}	5.7×10^{-3}	60%～77%	1.006×10^{-4}
情况 3	2.60×10^{-2}	1.54×10^{-2}	40%～38%	4.124×10^{-4}
情况 4	4.19×10^{-2}	3.32×10^{-2}	19%～20%	1.000×10^{-3}

图 8-5 绘制了四种情况下的量测数据与实际估计器观测的曲线吻合度比较，以及触发时刻和非触发误差的比较。从图 8-5 中可以清楚地看到触发阈值越高，量测曲线以及估计器的观测曲线匹配度越差，这也说明了在事件触发的通信策略下，通信频率和观测精度是冲突的，从触发序列的大小变化中也可以知道，触发阈值的升高会使得触发器的触发频率降低。

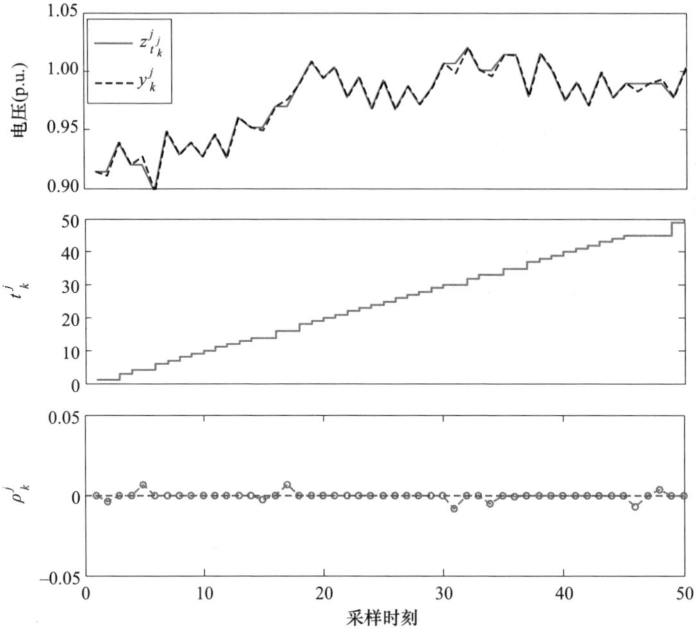

(a)

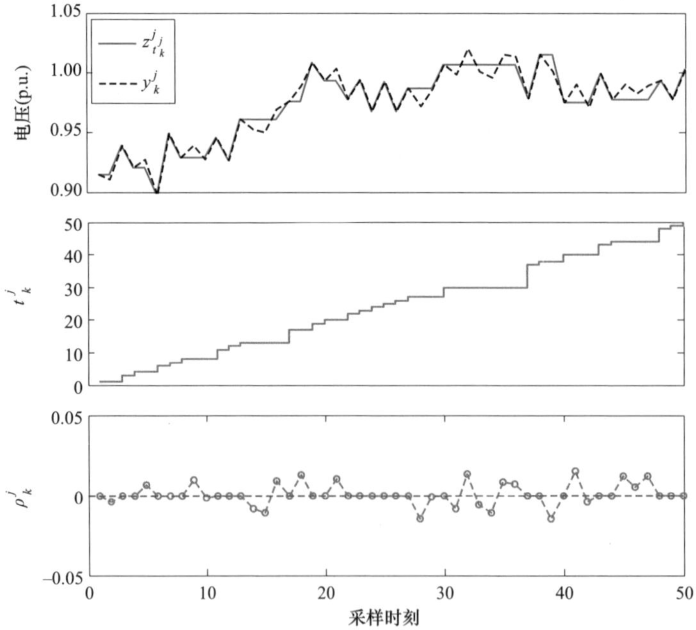

(b)

图 8-5 在不同情况下，系统量测与估计器观测的比较，以及触发序列和非触发误差情况（一）

（a）情况 1；（b）情况 2

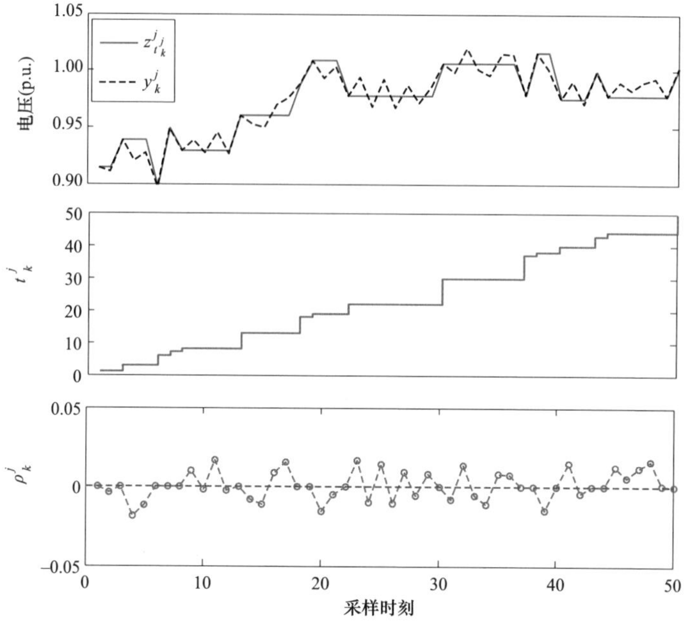

(c)

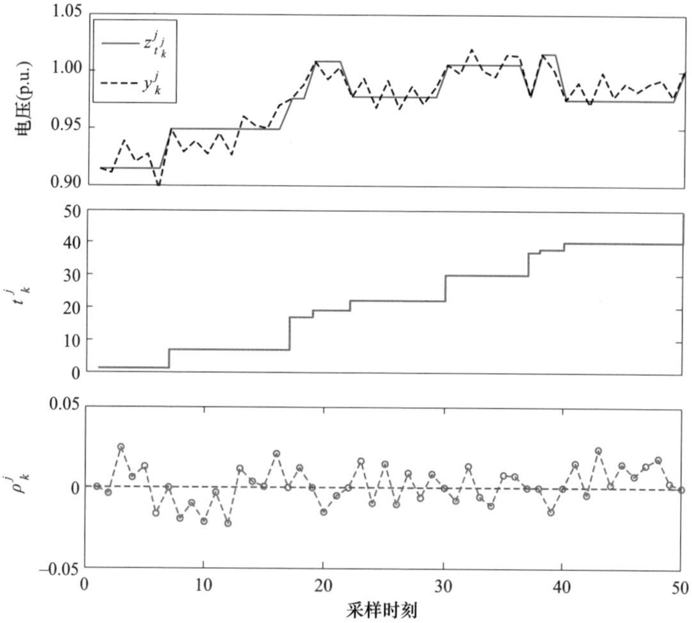

(d)

图 8–5　在不同情况下，系统量测与估计器观测的比较，以及触发序列和非触发误差情况（二）

（c）情况 3；（d）情况 4

注：$j=5$，所量测的电气量为 $V_{3,k}^{ma,b}$。

8.4.2 估计器性能仿真分析

为了体现提出的滤波算法具有良好的估计性能，本节将其与两种传统方法进行比较，一种为触发观测下的扩展卡尔曼滤波器（EKF with triggered observations，EKF-TO），即常规 EKF 接收触发器发送而来的数据，并用上一时刻观测值来代替估计器未接收到的量测值。另一种为随机选择量测下的扩展卡尔曼滤波器（EKF with randomly selected measurements，EKF-RSM），即系统终端随机选择部分量测通过通信网络传输至远程中心来作为 EKF 的观测，并将上一时刻的观测值代替此刻未接收的量测值。

如图 8-6 所示，不同的通信频率下进行三种算法的估计性能比较，从图中可以看出，在相同的通信频率下，EKF-TO 的估计性能要优于 EKF-RSM，这是因为事件触发机制合理的筛选了传感器终端采集到的量测数据，从而确保了数据传输至估计器的误差在一个已知可控的范围内，而 EKF-RSM 实际上是无序的选择量测数据，造成观测误差的特征未知且波动大。

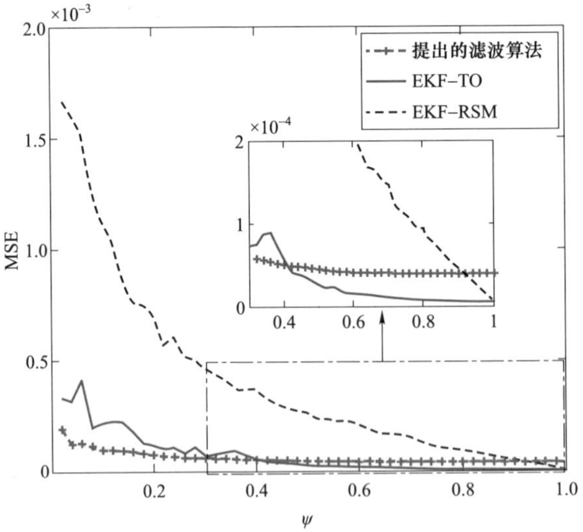

图 8-6　在不同的通信率下，所提出的鲁棒算法与 **EKF-TO** 算法以及 **EKF-RSM** 算法在估计性能上的比较

另外，从图 8-6 中可以看出，当通信频率较高的时候，相较于两种传统的方法，所提出的滤波算法并未展现出更优的估计性能，当 $\psi > 0.45$ 时，提出的

算法要优于 EKF-RSM，但劣于 EKF-TO。但是，随着通信频率的减小，提出的滤波算法逐渐展现出良好的估计精度和鲁棒性，这是由于传统的估计器对间歇量测造成的观测误差很敏感，而对触发误差和线性化误差都进行了特殊的考虑，并且设计了合适的鲁棒滤波器以更好的权衡通信资源和估计性能。当数据传输频率高时，非触发误差较小，由于引入了参数 μ_k，误差协方差的上界过大，保守性过强，导致了较劣的估计精度。随着数据传输频率降低，误差协方差矩阵与其上界相差较小，使得推导出的上界对不确定误差的包容性更强，因此提出的滤波算法的估计性能要优于传统方法。

此外，图 8-7 展示了当 $\psi = 0.45$ 时，使用提出的鲁棒算法对状态 $V_{2,k}^{re,a}$ 和 $V_{2,k}^{im,a}$ 的估计曲线以及各自的真实值曲线。从图中可以看出，提出的算法在节约 55%的通信资源下依旧能有较好的估计精度，这也说明，提出的算法能有效地减轻线性化误差和非触发误差对估计性能的影响。

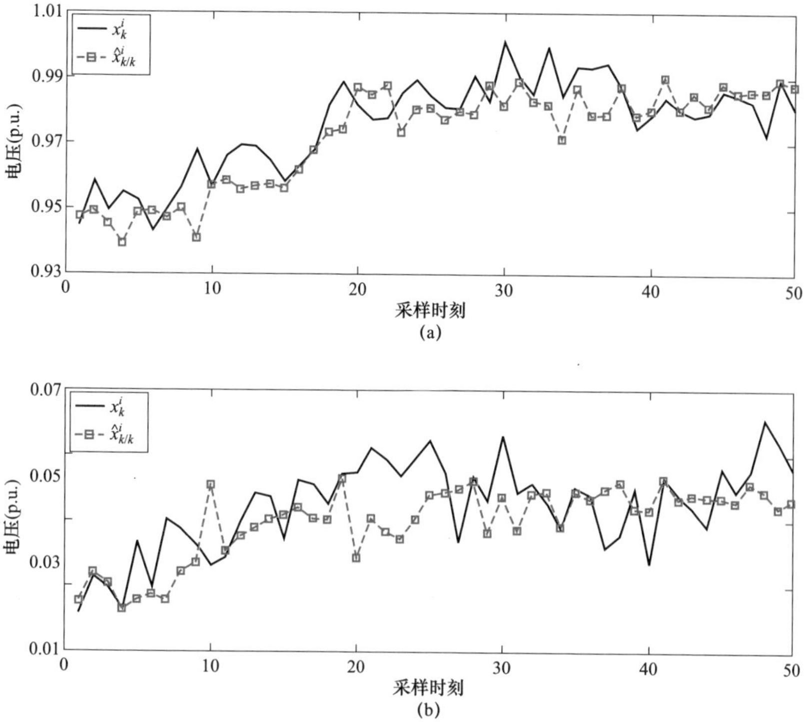

图 8-7　当平均通信率 $\psi = 0.45$ 时，系统真实状态与其估计值的比较

（a）$i=7$，x_k^7 为状态 $V_{2,k}^{re,a}$；（b）$i=7$，x_k^7 为状态 $V_{2,k}^{im,a}$

附录A 黎卡提型差分方程一证明

由于式（4−29）中存在着不确定矩阵$\varDelta_{k+1}$，通常无法直接将误差协方差矩阵［式（4−29）］代入滤波器的更新迭代中去，为了将各种不确定影响考虑在内，并消除$P_{k+1/k+1}$中存在的不确定项，此处将目标转为寻找$P_{k+1/k+1}$的最小上界矩阵。首先利用引理4−3得到如下不等式

$$\begin{aligned}&[I_{\bar{i}}-K_{k+1}(\boldsymbol{F}_{k+1}+0.5\mathcal{C}_{k+1}\varDelta_{k+1}\mathcal{F}_{k+1})]P_{k+1/k}[I_{\bar{i}}-K_{k+1}(\boldsymbol{F}_{k+1}+0.5\mathcal{C}_{k+1}\varDelta_{k+1}\mathcal{F}_{k+1})]^{\mathrm{T}}\\ \leqslant&(I_{\bar{i}}-K_{k+1}F_{k+1})[P_{k+1/k}^{-1}-\mu_{k+1}\mathcal{F}_{k+1}^{\mathrm{T}}\mathcal{F}_{k+1}]^{-1}(I_{\bar{i}}-K_{k+1}\boldsymbol{F}_{k+1})^{\mathrm{T}}+0.25\mu_{k+1}^{-1}K_{k+1}\mathcal{C}_{k+1}\mathcal{C}_{k+1}^{\mathrm{T}}K_{k+1}^{\mathrm{T}}\end{aligned}\tag{A−1}$$

其中，正标量μ_{k+1}满足约束

$$\mu_{k+1}^{-1}I_{\bar{j}}-\mathcal{F}_{k+1}P_{k+1/k}\mathcal{F}_{k+1}^{\mathrm{T}}>0\tag{A−2}$$

通过数学变换，式（A−2）可以等效为如下约束

$$0<\mu_{k+1}\leqslant\mathrm{eig}_{\min}^{-1}\{P_{k+1/k}\mathcal{F}_{k+1}^{\mathrm{T}}\mathcal{F}_{k+1}\}\tag{A−3}$$

由于

$$\mathcal{F}_{k+1}^{\mathrm{T}}\mathcal{F}_{k+1}=\phi_{k+1}(P_{k+1/k}),\ \mathcal{C}_{k+1}\mathcal{C}_{k+1}^{\mathrm{T}}=[I_{\bar{j}}\otimes C(P_{k+1/k})][I_{\bar{j}}\otimes C(P_{k+1/k})]^{\mathrm{T}}=9\mathrm{tr}\{P_{k+1/k}\}I_{\bar{j}}\tag{A−4}$$

则

$$\begin{aligned}&[I_{\bar{i}}-K_{k+1}(\boldsymbol{F}_{k+1}+0.5\mathcal{C}_{k+1}\varDelta_{k+1}\mathcal{F}_{k+1})]P_{k+1/k}[I_{\bar{i}}-K_{k+1}(F_{k+1}+0.5\mathcal{C}_{k+1}\varDelta_{k+1}\mathcal{F}_{k+1})]^{\mathrm{T}}\\ \leqslant&(I_{\bar{i}}-K_{k+1}\boldsymbol{F}_{k+1})[P_{k+1/k}^{-1}-\mu_{k+1}\phi_{k+1}(P_{k+1/k})]^{-1}(I_{\bar{i}}-K_{k+1}\boldsymbol{F}_{k+1})^{\mathrm{T}}+2.25\mu_{k+1}^{-1}\mathrm{tr}\{P_{k+1/k}\}K_{k+1}K_{k+1}^{\mathrm{T}}\end{aligned}\tag{A−5}$$

因此，总结式（4−29），式（A−1）～式（A−5）得到

$$\begin{aligned}P_{k+1/k+1}\leqslant&(I_{\bar{i}}-K_{k+1}\boldsymbol{F}_{k+1})[P_{k+1/k}^{-1}-\mu_{k+1}\phi_{k+1}(P_{k+1/k})]^{-1}(I_{\bar{i}}-K_{k+1}\boldsymbol{F}_{k+1})^{\mathrm{T}}\\&+K_{k+1}\{2.25\mu_{k+1}^{-1}\mathrm{tr}\{P_{k+1/k}\}I_{\bar{j}}+R_{k+1}\}K_{k+1}^{\mathrm{T}}\end{aligned}\tag{A−6}$$

且满足约束$0<\mu_{k+1}\leqslant\mathrm{eig}_{\min}^{-1}\{P_{k+1/k}\phi_{k+1}(P_{k+1/k})\}$。

另外，设存在适维矩阵 x 满足 $X>P_{k+1/k}$，则有 $\mathrm{col}_{\bar{j}}\sqrt{P_{k+1/k}(i,i)}\leqslant\mathrm{col}_{\bar{j}}\sqrt{X(i,i)}$，即$\boldsymbol{C}(P_{k+1/k})<\boldsymbol{C}(X)$，由此进一步得到不等式

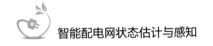

$$0 < \tilde{x}_{k+1}^{-}(X) \leqslant \tilde{x}_{k+1}^{-}(P_{k+1/k}) < \tilde{x}_{j,k+1} < \tilde{x}_{k+1}^{+}(P_{k+1/k}) \leqslant \tilde{x}_{k+1}^{+}(X) \tag{A-7}$$

于是

$$\boldsymbol{G}_j^{\mathrm{T}}(\tilde{x}_{j,k+1})\boldsymbol{G}_j(\tilde{x}_{j,k+1}) \leqslant \boldsymbol{G}_j^{\mathrm{T}}\{\tilde{x}_{k+1}^{-}(P_{k+1/k})\}\boldsymbol{G}_j\{\tilde{x}_{k+1}^{-}(P_{k+1/k})\} \leqslant \boldsymbol{G}_j^{\mathrm{T}}\{\tilde{x}_{k+1}^{-}(\boldsymbol{X})\}\boldsymbol{G}_j\{\tilde{x}_{k+1}^{-}(\boldsymbol{X})\} \tag{A-8}$$

因此，得到$\phi_{k+1}(P_{k+1/k}) \leqslant \phi_{k+1}(\boldsymbol{X})$。于是可以得出结论，矩阵函数$\phi_{k+1}(\boldsymbol{Y})$为关于变量$\boldsymbol{Y}$的递增函数。于是从式（4－28）、式（A－6）、式（4－38）、式（4－39）可知，引理4－4的条件满足，即$\Sigma_{k+1/k} = \mathcal{S}_k(\Sigma_{k/k})$，$P_{k+1/k+1} \leqslant \mathcal{S}_k(P_{k/k})$，并且$\forall \mathcal{X} \leqslant \mathcal{Y}$，都有$\mathcal{S}_k(\mathcal{X}) \leqslant \mathcal{S}_k(\mathcal{Y})$。于是，在给定初始条件$\Sigma_{0/0} = P_{0/0} \geqslant 0$后，可以得到$P_{k+1/k+1} \leqslant \Sigma_{k+1/k+1}$。

接下来需要寻找最小误差协方差上界$\Sigma_{k+1/k+1}$下的滤波器增益，以获得最好的估计性能。因此，将上界矩阵的迹$\mathrm{tr}\{\Sigma_{k+1/k+1}\}$对增益$K_{k+1}$求一阶偏导，并令其结果为零，可以得到

$$\begin{aligned}\frac{\partial \mathrm{tr}\{\Sigma_{k+1/k+1}\}}{\partial K_{k+1}} &= 0 = 2[\Sigma_{k+1/k}^{-1} - \mu_{k+1}\phi_{k+1}(\Sigma_{k+1/k})]^{-1}F_{k+1}^{\mathrm{T}} \\ &\quad -2K_{k+1}\{F_{k+1}[\Sigma_{k+1/k}^{-1} - \mu_{k+1}\phi_{k+1}(\Sigma_{k+1/k})]^{-1}F_{k+1}^{\mathrm{T}} + 2.25\mu_{k+1}^{-1}\mathrm{tr}\{\Sigma_{k+1/k}\}I_{\bar{j}} + R_{k+1}\}\end{aligned} \tag{A-9}$$

通过进一步计算可以得到滤波器增益K_{k+1}，如式（4－41）所示。

附录 B　黎卡提型差分方程二证明

如果函数 $f(x_{k+1})$ 为已知连续可微的非线性函数，且对于一些非负数 $a_{1,k+1}$ 和 $a_{2,k+1}$，满足不等式 $\|f(x_{k+1})\| \leqslant a_{1,k+1}\|x_{k+1}\| + a_{2,k+1}$，则

$$\begin{aligned}
&\mathbb{E}\{\tilde{\Xi}_{k+1} f(x_{k+1}) f^{\mathrm{T}}(x_{k+1}) \tilde{\Xi}_{k+1}\} = \bar{\Lambda}_{k+1} o \mathbb{E}\{f(x_{k+1}) f^{\mathrm{T}}(x_{k+1})\} \\
&\leqslant \bar{\Lambda}_{k+1} o [\mathbb{E}\{\|f(x_{k+1})\|^2\} I_{\bar{j}}] \\
&\leqslant \bar{\Lambda}_{k+1} o [\mathbb{E}\{(a_{1,k+1} \| x_{k+1} \| + a_{2,k+1})^2\} I_{\bar{j}}] \\
&\leqslant \bar{\Lambda}_{k+1} o [(2a_{1,k+1}^2 \mathbb{E}\{\| x_{k+1} \|^2\} + 2a_{2,k+1}^2) I_{\bar{j}}] \\
&= \bar{\Lambda}_{k+1} o [2(a_{1,k+1}^2 \mathrm{tr}\{\mathbb{E}\{x_{k+1} x_{k+1}^{\mathrm{T}}\}\} + a_{2,k+1}^2) I_{\bar{j}}] \\
&= 2\{a_{1,k+1}^2 \mathrm{tr}\{\mathbb{E}\{x_{k+1} x_{k+1}^{\mathrm{T}}\}\} + a_{2,k+1}^2\} \bar{\Lambda}_{k+1} o I_{\bar{j}}
\end{aligned} \tag{B-1}$$

其中，x_{k+1} 可以置换为 $x_{k+1} = e_{k+1/k} + \hat{x}_{k+1/k}$。根据初等不等式

$$(\varepsilon^{\frac{1}{2}} e_{k+1/k} - \varepsilon^{-\frac{1}{2}} \hat{x}_{k+1/k})(\varepsilon^{\frac{1}{2}} e_{k+1/k} - \varepsilon^{-\frac{1}{2}} \hat{x}_{k+1/k})^{\mathrm{T}} \geqslant 0 \tag{B-2}$$

可得

$$e_{k+1/k} \hat{x}_{k+1/k}^{\mathrm{T}} + \hat{x}_{k+1/k} e_{k+1/k}^{\mathrm{T}} \leqslant \varepsilon_{k+1} e_{k+1/k} e_{k+1/k}^{\mathrm{T}} + \varepsilon_{k+1}^{-1} \hat{x}_{k+1/k} \hat{x}_{k+1/k}^{\mathrm{T}} \tag{B-3}$$

其中，ε_{k+1} 为正标量

$$\begin{aligned}
\mathbb{E}\{x_{k+1} x_{k+1}^{\mathrm{T}}\} &= \mathbb{E}\{(e_{k+1/k} + \hat{x}_{k+1/k})(e_{k+1/k} + \hat{x}_{k+1/k})^{\mathrm{T}}\} \\
&\leqslant (1+\varepsilon_{k+1}) P_{k+1/k} + (1+\varepsilon_{k+1}^{-1}) \hat{x}_{k+1/k} \hat{x}_{k+1/k}^{\mathrm{T}}
\end{aligned} \tag{B-4}$$

则有

$$\begin{aligned}
\mathbb{E}\{\tilde{\Xi}_{k+1} f(x_{k+1}) f^{\mathrm{T}}(x_{k+1}) \tilde{\Xi}_{k+1}\} \leqslant 2[a_{1,k+1}^2 tr\{(1+\varepsilon_{k+1}) P_{k+1/k} + (1+\varepsilon_{k+1}^{-1}) \hat{x}_{k+1/k} \hat{x}_{k+1/k}^{\mathrm{T}}\} + a_{2,k+1}^2] \bullet \\
\bar{\Lambda}_{k+1} o I_{\bar{j}} = \mathcal{L}_{k+1}(P_{k+1/k})
\end{aligned} \tag{B-5}$$

令 μ_{k+1} 满足约束 $0 \leqslant \mu_{k+1} \leqslant \mathrm{eig}_{\min}^{-1}\{P_{k+1/k} \phi_{k+1}(P_{k+1/k})\}$，则可以得到如下关于 $P_{k+1/k+1}$ 的不等式

$$\begin{aligned}
P_{k+1/k+1} \leqslant & (I_{\bar{i}} - K_{k+1} \bar{\Xi}_{k+1} F_{k+1}) [P_{k+1/k}^{-1} - \mu_{k+1} \phi_{k+1}(P_{k+1/k})]^{-1} (I_{\bar{i}} - K_{k+1} \bar{\Xi}_{k+1} F_{k+1})^{\mathrm{T}} \\
& + K_{k+1} \{\mathcal{L}_{k+1}(P_{k+1/k}) + 2.25 \mu_{k+1}^{-1} tr\{P_{k+1/k}\} \bar{\Xi}_{k+1} \bar{\Xi}_{k+1} + (\Lambda_{k+1} + \bar{\Lambda}_{k+1}) o R_{k+1}\} K_{k+1}^{\mathrm{T}}
\end{aligned} \tag{B-6}$$

至此，根据式（7－34）、式（7－53）和式（7－54）、式（B－6），可以得出结论 $P_{k+1/k+1} \leqslant \varSigma_{k+1/k+1}$。

为了确定在误差协方差的上界的迹为最小时所产生的滤波器增益，对 $\mathrm{tr}\{\varSigma_{k+1/k+1}\}$ 关于 K_{k+1} 进行求偏导，并令该偏导数等于零，得到

$$\begin{aligned}\frac{\partial \mathrm{tr}\{\varSigma_{k+1/k+1}\}}{\partial K_{k+1}} = 0 = &-2[\varSigma_{k+1/k}^{-1} - \mu_{k+1}\phi_{k+1}(\varSigma_{k+1/k})]^{-1} F_{k+1}^{\mathrm{T}} \Xi_{k+1} \\ &+ 2K_{k+1}\{\Xi_{k+1} F_{k+1} [\varSigma_{k+1/k}^{-1} - \mu_{k+1}\phi_{k+1}(\varSigma_{k+1/k})]^{-1} F_{k+1}^{\mathrm{T}} \Xi_{k+1} \\ &+ 2.25\mu_{k+1}^{-1} tr\{\varSigma_{k+1/k}\} \overline{\Xi}_{k+1} \overline{\Xi}_{k+1} + (\Lambda_{k+1} + \overline{\Lambda}_{k+1}) o R_{k+1} + \mathcal{L}_{k+1}(\varSigma_{k+1/k})\}\end{aligned} \tag{B-7}$$

根据式（B－7）并经过一系列的代数运算，可得最优滤波器增益 K_{k+1} 如式（7－57）所示。

附录 C 黎卡提型差分方程三证明

为了便于处理式（7－59）等号右边第一项中的两种随机变量 $e_{k+1/k}$ 和 Ξ_{k+1}，将此项展开为

$$\begin{aligned}&\mathbb{E}\{[I_{\bar{i}}-K_{k+1}\Xi_{k+1}(F_{k+1}+0.5\mathcal{C}_{k+1}\Delta_{k+1}\mathcal{F}_{k+1})]e_{k+1/k}e_{k+1/k}^{\mathrm{T}}[I_{\bar{i}}-K_{k+1}\Xi_{k+1}\cdot\\&(F_{k+1}+0.5\mathcal{C}_{k+1}\Delta_{k+1}\mathcal{F}_{k+1})]^{\mathrm{T}}\}=P_{k+1/k}-P_{k+1/k}(F_{k+1}+0.5\mathcal{C}_{k+1}\Delta_{k+1}\mathcal{F}_{k+1})^{\mathrm{T}}\cdot\\&\bar{\Xi}_{k+1}K_{k+1}^{\mathrm{T}}-K_{k+1}\bar{\Xi}_{k+1}(F_{k+1}+0.5\mathcal{C}_{k+1}\Delta_{k+1}\mathcal{F}_{k+1})P_{k+1/k}+K_{k+1}E\{\Xi_{k+1}\cdot\\&(F_{k+1}+0.5\mathcal{C}_{k+1}\Delta_{k+1}\mathcal{F}_{k+1})e_{k+1/k}e_{k+1/k}^{\mathrm{T}}(F_{k+1}+0.5\mathcal{C}_{k+1}\Delta_{k+1}\mathcal{F}_{k+1})^{\mathrm{T}}\Xi_{k+1}\}K_{k+1}^{\mathrm{T}}\end{aligned}\tag{C-1}$$

根据引理 7－2 可得

$$\begin{aligned}&\mathbb{E}\{\Xi_{k+1}(F_{k+1}+0.5\mathcal{C}_{k+1}\Delta_{k+1}\mathcal{F}_{k+1})e_{k+1/k}e_{k+1/k}^{\mathrm{T}}(F_{k+1}+0.5\mathcal{C}_{k+1}\Delta_{k+1}\mathcal{F}_{k+1})^{\mathrm{T}}\Xi_{k+1}\}\\&=(\Lambda_{k+1}+\bar{\Lambda}_{k+1})o[(F_{k+1}+0.5\mathcal{C}_{k+1}\Delta_{k+1}\mathcal{F}_{k+1})P_{k+1/k}(F_{k+1}+0.5\mathcal{C}_{k+1}\Delta_{k+1}\mathcal{F}_{k+1})^{\mathrm{T}}]\end{aligned}\tag{C-2}$$

结合式（C－1）和式（C－2），可以得到

$$\begin{aligned}&\mathbb{E}\{[I_{\bar{i}}-K_{k+1}\Xi_{k+1}(F_{k+1}+0.5\mathcal{C}_{k+1}\Delta_{k+1}\mathcal{F}_{k+1})]e_{k+1/k}e_{k+1/k}^{\mathrm{T}}[I_{\bar{i}}-K_{k+1}\Xi_{k+1}\cdot\\&(F_{k+1}+0.5\mathcal{C}_{k+1}\Delta_{k+1}\mathcal{F}_{k+1})]^{\mathrm{T}}\}=[I_{\bar{i}}-K_{k+1}\bar{\Xi}_{k+1}(F_{k+1}+0.5\mathcal{C}_{k+1}\Delta_{k+1}\mathcal{F}_{k+1})]\cdot\\&P_{k+1/k}[I_{\bar{i}}-K_{k+1}\bar{\Xi}_{k+1}(F_{k+1}+0.5\mathcal{C}_{k+1}\Delta_{k+1}\mathcal{F}_{k+1})]^{\mathrm{T}}+K_{k+1}\{\bar{\Lambda}_{k+1}o\cdot\\&[(F_{k+1}+0.5\mathcal{C}_{k+1}\Delta_{k+1}\mathcal{F}_{k+1})P_{k+1/k}(F_{k+1}+0.5\mathcal{C}_{k+1}\Delta_{k+1}\mathcal{F}_{k+1})^{\mathrm{T}}]\}K_{k+1}^{\mathrm{T}}\end{aligned}\tag{C-3}$$

进而，可以得到以下两个不等式

$$\begin{aligned}&[I_{\bar{i}}-K_{k+1}\bar{\Xi}_{k+1}(F_{k+1}+0.5\mathcal{C}_{k+1}\Delta_{k+1}\mathcal{F}_{k+1})]P_{k+1/k}[I_{\bar{i}}-K_{k+1}\bar{\Xi}_{k+1}(F_{k+1}+0.5\mathcal{C}_{k+1}\Delta_{k+1}\mathcal{F}_{k+1})]^{\mathrm{T}}\\&\leqslant(I_{\bar{i}}-K_{k+1}\bar{\Xi}_{k+1}F_{k+1})[P_{k+1/k}^{-1}-\mu_{1,k+1}\phi_{k+1}(P_{k+1/k})]^{-1}(I_{\bar{i}}-K_{k+1}\bar{\Xi}_{k+1}F_{k+1})^{\mathrm{T}}\\&\quad+2.25\mu_{1,k+1}^{-1}\mathrm{tr}\{P_{k+1/k}\}K_{k+1}\bar{\Xi}_{k+1}\bar{\Xi}_{k+1}K_{k+1}^{\mathrm{T}}\end{aligned}\tag{C-4}$$

$$\begin{aligned}&(F_{k+1}+0.5\mathcal{C}_{k+1}\Delta_{k+1}\mathcal{F}_{k+1})P_{k+1/k}(F_{k+1}+0.5\mathcal{C}_{k+1}\Delta_{k+1}\mathcal{F}_{k+1})^{\mathrm{T}}\\&\leqslant F_{k+1}[P_{k+1/k}^{-1}-\mu_{2,k+1}\phi_{k+1}(P_{k+1/k})]^{-1}F_{k+1}^{\mathrm{T}}+2.25\mu_{2,k+1}^{-1}\mathrm{tr}\{P_{k+1/k}\}I_{\bar{j}}\end{aligned}\tag{C-5}$$

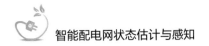

并满足约束

$$0\leqslant\mu_{1,k+1}\leqslant\mathrm{eig}_{\min}^{-1}\{P_{k+1/k}\phi_{k+1}(P_{k+1/k})\},\quad 0\leqslant\mu_{2,k+1}\leqslant\mathrm{eig}_{\min}^{-1}\{P_{k+1/k}\phi_{k+1}(P_{k+1/k})\} \tag{C-6}$$

此外，式（7－59）等号右边第二项中

$$\mathrm{E}\{\Xi_{k+1}v_{k+1}v_{k+1}^{\mathrm{T}}\Xi_{k+1}\}=(\Lambda_{k+1}+\bar{\Lambda}_{k+1})oR_{k+1} \tag{C-7}$$

由式（7－59）～式（7－66）、式（C－1）～式（C－7）可以得到

$$\begin{aligned}P_{k+1/k+1}\leqslant&(I_{\bar{i}}-K_{k+1}\bar{\Xi}_{k+1}F_{k+1})[P_{k+1/k}^{-1}-\mu_{1,k+1}\phi_{k+1}(P_{k+1/k})]^{-1}(I_{\bar{i}}-K_{k+1}\bar{\Xi}_{k+1}F_{k+1})^{\mathrm{T}}\\&+K_{k+1}\{2.25\mu_{1,k+1}^{-1}\mathrm{tr}\{P_{k+1/k}\}\bar{\Xi}_{k+1}\bar{\Xi}_{k+1}+(\Lambda_{k+1}+\bar{\Lambda}_{k+1})oR_{k+1}\\&+\bar{\Lambda}_{k+1}o(F_{k+1}[P_{k+1/k}^{-1}-\mu_{2,k+1}\phi_{k+1}(P_{k+1/k})]^{-1}F_{k+1}^{\mathrm{T}}+2.25\mu_{2,k+1}^{-1}\mathrm{tr}\{P_{k+1/k}\}I_{\bar{j}})\}K_{k+1}^{\mathrm{T}}\end{aligned} \tag{C-8}$$

接下来，将要设计合适的滤波器增益使得在任意采样时刻误差上界$\varSigma_{k+1/k+1}$的迹最小。对式（7－61）的迹关于K_{k+1}求偏导数，并令该偏导数等于零，有

$$\begin{aligned}\frac{\partial\mathrm{tr}\{\varSigma_{k+1/k+1}\}}{\partial K_{k+1}}=0=&-2[\varSigma_{k+1/k}^{-1}-\mu_{1,k+1}\phi_{k+1}(\varSigma_{k+1/k})]^{-1}\bar{\Xi}_{k+1}F_{k+1}^{\mathrm{T}}\\&+2K_{k+1}\{\bar{\Xi}_{k+1}F_{k+1}[\varSigma_{k+1/k}^{-1}-\mu_{1,k+1}\phi_{k+1}(\varSigma_{k+1/k})]^{-1}F_{k+1}^{\mathrm{T}}\bar{\Xi}_{k+1}\\&+2.25\mu_{1,k+1}^{-1}\mathrm{tr}\{\varSigma_{k+1/k}\}\bar{\Xi}_{k+1}\bar{\Xi}_{k+1}+(\Lambda_{k+1}+\bar{\Lambda}_{k+1})oR_{k+1}\\&+\bar{\Lambda}_{k+1}o(F_{k+1}[\varSigma_{k+1/k}^{-1}-\mu_{2,k+1}\phi_{k+1}(\varSigma_{k+1/k})]^{-1}F_{k+1}^{\mathrm{T}}+2.25\mu_{2,k+1}^{-1}\mathrm{tr}\{\varSigma_{k+1/k}\}I_{\bar{j}})\}\end{aligned} \tag{C-9}$$

此外，通过进一步计算得到$\partial^2\mathrm{tr}\{\varSigma_{k+1/k+1}\}/\partial(K_{k+1})^2>0$，这个公式也就证明了式（7－66）中所求的滤波器增益K_{k+1}为$\mathrm{tr}\{\varSigma_{k+1/k+1}\}$的极小值点。

附录 D　黎卡提型差分方程四证明

定义a和b为等维数的向量，根据初等不等式$\left(\mu^{\frac{1}{2}}a-\mu^{-\frac{1}{2}}b\right)\left(\mu^{\frac{1}{2}}a-\mu^{-\frac{1}{2}}b\right)^{\mathrm{T}}\geqslant 0$可以得到$ab^{\mathrm{T}}+ba^{\mathrm{T}}\leqslant \mu aa^{\mathrm{T}}+\mu^{-1}bb^{\mathrm{T}}$，其中$\mu>0$为一标量。因此，式（8-11）中的$Z_{k+1}$满足以下不等式

$$\begin{aligned}Z_{k+1}+Z_{k+1}^{\mathrm{T}}\leqslant \mu_{k+1}[I_{\bar{i}}-K_{k+1}(F_{k+1}+0.5\mathcal{C}_{k+1}\Delta_{k+1}\mathcal{F}_{k+1})]P_{k+1/k}\cdot\\ [I_{\bar{i}}-K_{k+1}(F_{k+1}+0.5\mathcal{C}_{k+1}\Delta_{k+1}\mathcal{F}_{k+1})]^{\mathrm{T}}+\mu_{k+1}^{-1}K_{k+1}\mathbb{E}\{\rho_{k+1}\rho_{k+1}^{\mathrm{T}}\}K_{k+1}^{\mathrm{T}}\end{aligned}\tag{D-1}$$

此外，可以得到

$$\mathbb{E}\{\tilde{\rho}_{k+1}\upsilon_{k+1}^{\mathrm{T}}\}=\mathbb{E}\{\rho_{k+1}\upsilon_{k+1}^{\mathrm{T}}\}=(\Gamma_{k+1}-I_{\bar{j}})R_{k+1}\tag{D-2}$$

另外，根据触发函数［式（8-2）］可知$|\rho_{k+1}|\leqslant\xi_{k+1}$，并且$E\{\rho_{k+1}\rho_{k+1}^{\mathrm{T}}\}\leqslant\xi_{k+1}\xi_{k+1}^{\mathrm{T}}$，因此，进一步得到

$$\mathbb{E}\{\tilde{\rho}_{k+1}\tilde{\rho}_{k+1}^{\mathrm{T}}\}\leqslant\xi_{k+1}\xi_{k+1}^{\mathrm{T}}-\hat{\rho}_{k+1}\hat{\rho}_{k+1}^{\mathrm{T}}\tag{D-3}$$

为了解决误差协方差中的不确定项Δ_{k+1}，引入以下不等式

$$\begin{aligned}&[I_{\bar{i}}-K_{k+1}(F_{k+1}+0.5\mathcal{C}_{k+1}\Delta_{k+1}\mathcal{F}_{k+1})]P_{k+1/k}[I_{\bar{i}}-K_{k+1}(F_{k+1}+0.5\mathcal{C}_{k+1}\Delta_{k+1}\mathcal{F}_{k+1})]^{\mathrm{T}}\\ &\leqslant(I_{\bar{i}}-K_{k+1}F_{k+1})[P_{k+1/k}^{-1}-\upsilon_{k+1}\phi_{k+1}(P_{k+1/k})]^{-1}(I_{\bar{i}}-K_{k+1}F_{k+1})^{\mathrm{T}}\\ &\quad+0.25\varpi^2\upsilon_{k+1}^{-1}\mathrm{tr}\{P_{k+1/k}\}K_{k+1}K_{k+1}^{\mathrm{T}}\end{aligned}\tag{D-4}$$

其中，υ_{k+1}为正标量，并且满足$0\leqslant\upsilon_{k+1}\leqslant\mathrm{eig}_{\min}^{-1}\{P_{k+1/k}\phi_{k+1}(P_{k+1/k})\}$。基于以上的描述，由式（8-10）、式（D-1）～式（D-4）可以得到

$$\begin{aligned}P_{k+1/k+1}\leqslant&(1+\mu_{k+1})(I_{\bar{i}}-K_{k+1}F_{k+1})[P_{k+1/k}^{-1}-\upsilon_{k+1}\phi_{k+1}(P_{k+1/k})]^{-1}(I_{\bar{i}}-K_{k+1}F_{k+1})^{\mathrm{T}}\\ &+K_{k+1}\{0.25\varpi^2\upsilon_{k+1}^{-1}(1+\mu_{k+1})\mathrm{tr}\{P_{k+1/k}\}I_{\bar{j}}+\mathcal{R}_{k+1}\\ &+(1+\mu_{k+1}^{-1})\xi_{k+1}\xi_{k+1}^{\mathrm{T}}-\hat{\rho}_{k+1}\hat{\rho}_{k+1}^{\mathrm{T}}\}K_{k+1}^{\mathrm{T}}\end{aligned}\tag{D-5}$$

从式（8-9）、式（8-14）、式（8-15）、式（D-5）可以看出，$P_{k+1/k+1}\leqslant S_k(Y)$，$\Sigma_{k+1/k+1}\leqslant S_k(\Sigma_{k/k})$，且对于任意的$X\leqslant Y$，都可以得到$S_k(X)\leqslant S_k(Y)$。在给

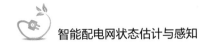

定初始条件 $\Sigma_{0/0}=P_{0/0}\geqslant 0$ 后，可以得出结论 $P_{k+1/k+1}\leqslant\ \Sigma_{k+1/k+1}$，$\Sigma_{k+1/k+1}$ 的表达见式（8-15）。

接下来需要解决的问题是寻找最小误差协方差上界 $\Sigma_{k+1/k+1}$ 下的滤波器增益，以获得最好的估计性能。将上界矩阵的迹 $tr\{\Sigma_{k+1/k+1}\}$ 对增益 K_{k+1} 求一阶导数，并令其一阶导数为零，即

$$\begin{aligned}\frac{\partial \mathrm{tr}\{\Sigma_{k+1/k+1}\}}{\partial K_{k+1}}=0=&-2(1+\mu_{k+1})[\Sigma_{k+1/k}^{-1}-\upsilon_{k+1}\phi_{k+1}(\Sigma_{k+1/k})]^{-1}F_{k+1}^{\mathrm{T}}\\&+2K_{k+1}\{0.25\varpi^2\upsilon_{k+1}^{-1}(1+\mu_{k+1})\mathrm{tr}\{\Sigma_{k+1/k}\}I_{\bar{j}}+\mathcal{R}_{k+1}+(1+\mu_{k+1}^{-1})\xi_{k+1}\xi_{k+1}^{\mathrm{T}}\\&-\hat{\rho}_{k+1}\hat{\rho}_{k+1}^{\mathrm{T}}+(1+\mu_{k+1})F_{k+1}[\Sigma_{k+1/k}^{-1}-\upsilon_{k+1}\phi_{k+1}(\Sigma_{k+1/k})]^{-1}F_{k+1}^{\mathrm{T}}\}\end{aligned}\tag{D-6}$$

根据上式进行简单的运算便可以得到滤波器增益 K_{k+1}，其表达如式（8-17）所示。如果式（D-6）进一步对 K_{k+1} 求导，则可以得到

$$\begin{aligned}\frac{\partial^2 \mathrm{tr}\{\Sigma_{k+1/k+1}\}}{\partial (K_{k+1})^2}=&2\{0.25\varpi^2\upsilon_{k+1}^{-1}(1+\mu_{k+1})\mathrm{tr}\{\Sigma_{k+1/k}\}I_{\bar{j}}+\mathcal{R}_{k+1}+(1+\mu_{k+1}^{-1})\xi_{k+1}\xi_{k+1}^{\mathrm{T}}\\&-\hat{\rho}_{k+1}\hat{\rho}_{k+1}^{\mathrm{T}}+(1+\mu_{k+1})F_{k+1}[\Sigma_{k+1/k}^{-1}-\upsilon_{k+1}\phi_{k+1}(\Sigma_{k+1/k})]^{-1}F_{k+1}^{\mathrm{T}}\}\end{aligned}\tag{D-7}$$

因此可以得到结论：

如果

$$\begin{aligned}&0.25\varpi^2\upsilon_{k+1}^{-1}(1+\mu_{k+1})\mathrm{tr}\{\Sigma_{k+1/k}\}I_{\bar{j}}+\mathcal{R}_{k+1}+(1+\mu_{k+1}^{-1})\xi_{k+1}\xi_{k+1}^{\mathrm{T}}-\hat{\rho}_{k+1}\hat{\rho}_{k+1}^{\mathrm{T}}\\&+(1+\mu_{k+1})F_{k+1}[\Sigma_{k+1/k}^{-1}-\upsilon_{k+1}\phi_{k+1}(\Sigma_{k+1/k})]^{-1}F_{k+1}^{\mathrm{T}}\geqslant 0\end{aligned}\tag{D-8}$$

成立，则 K_{k+1} 为函数 $\mathrm{tr}\{\Sigma_{k+1/k+1}\}$ 的极小值点，即 K_{k+1} 为最小误差上界下的滤波器增益。另外，为了避免矩阵 $\Sigma_{k+1/k+1}$ 非正定而造成滤波发散问题，另一个滤波器约束条件为：对于任何 $k(0\leqslant k\leqslant\bar{k})$ 始终满足 $\Sigma_{k+1/k+1}>0$。至此，证毕。

参 考 文 献

[1] 张钰. 配电网状态估计技术研究 [D]. 兰州：兰州理工大学，2015.

[2] F CS，D BR. Power System Static-State Estimation，Part II：Approximate Mode [J]. IEEE Transactions on Power Apparatus and Systems，1970，89（1）：125－130.

[3] 马安安. 基于 PMU 量测的电力系统动态状态估计研究 [D]. 杭州：浙江大学，2018.

[4] 王雅婷，何光宇，董树锋. 基于测量不确定度的配电网状态估计新方法 [J]. 电力系统自动化，2010，34（7）：40－44.

[5] 胡晓艳. 分布式平台下的配电网状态估计研究 [D]. 北京：华北电力大学，2015.

[6] 候小虎. 含分布式电源的中低压配电网状态估计研究 [D]. 秦皇岛：燕山大学，2017.

[7] 赵少华. 混合量测下电力系统状态估计及其优化配置 [D]. 天津：天津理工大学，2016.

[8] 罗仁义. 计及节点时空关联性的电力系统预测辅助状态估计 [D]. 成都：西南交通大学，2017.

[9] JIANG H，LIN J，SONG Y，et al. Demand Side Frequency Control Scheme in an Isolated Wind Power System for Industrial Aluminum Smelting Production [J]. IEEE Transactions on Power Systems，2014，29（2）：844－853.

[10] WAN C，XU Z，PINSON P，et al. Probabilistic Forecasting of Wind Power Generation Using Extreme Learning Machine [J]. IEEE Transactions on Power Systems，2014，29（3）：1033－1044.

[11] GOMEZ-EXPOSITO A，ABUR A，JAEN A V，et al. A Multilevel State Estimation Paradigm for Smart Grids [J]. Proc IEEE，2011，99（6）：952－976.

[12] ALIMARDANI A，THERRIEN F，ATANACKOVIC D，et al. Distribution System State Estimation Based on Nonsynchronized Smart Meters [J]. IEEE Transactions on Smart Grid，2015（6）：2919－2928.

[13] 李丽萍，赵洋，袁泉，等. 配电网状态估计研究现状及展望 [J]. 通信电源技术，2016，33（1）：93－95＋99.

[14] 王成山，罗凤章，张天宇，等. 城市电网智能化关键技术 [J]. 高电压技术，2016，42（7）：2017－2027.

[15] 杨胜春，汤必强，姚建国，等. 基于态势感知的电网自动智能调度架构及关键技术[J]. 电网技术，2014，38（1）：33-39.

[16] Wu F F. Distributed State Estimation for Power Distribution System [C]. Proceeding of the 9th PSCC，1989，2：25-32.

[17] Baran M E，Kelley A W. A Branch-Current-Based State Estimation Methods for Distribution Systems[J]. IEEE Transactions on Power Systems，1995，10（1）：484-490.

[18] Li K. State Estimation for Power Distribution System and Measurement Impacts[J]. IEEE Transactions on Power Systems，1996，11（2）：911-917.

[19] 孙宏斌，张伯明. 配电匹配潮流技术及其在配电网状态估计中的应用 [J]. 电力系统自动化，1998，22（7）：18-22.

[20] 辛开远，杨玉华，高赐威，等. 配电网状态估计中的量测变换技术 [J]. 电网技术，2002，26（9）：67-71.

[21] 孙宏斌，张伯明. 基于支路功率的配电网状态估计方法 [J]. 电力系统自动化，1998，22（8）：12-16.

[22] 高赐威，孔峰. 一种配电网状态估计实用算法的探讨 [J]. 电网技术，2003，13（6）：80-83.

[23] 程浩忠，袁青山. 基于等效电流量测变换的配电网状态估计算法 [J]. 电力系统自动化，2007，15（3）：30-36.

[24] 卫志农，汪方中. 一种新的快速解耦配电网状态估计方法 [J]. 电力系统及其自动化学报，2002，14（4）：6-9.

[25] D M Vinod，Kumar. Topology Processing and static state estimation using artificial neural networks [J]. Generation，Transmission and Distribution，IEE Proceedings，1996，143（1）：99-105.

[26] 李清政，钟建伟. 基于神经网络法的配电网状态估计 [J]. 河北建筑科技学院学报，2006，23（3）：83-87.

[27] 邓志超. 配电网状态估计及其应用技术研究与仿真试验 [D]. 广州：华南理工大学，2012：5-10.

[28] Milton B，Filho D C. Generating High Quality Pseudo-Measurements to Keep State Estimation Capabilities [C]. Power Tech IEEE，2007：1829-1834.

[29] Singh R，Pal B C. Modeling of Pseudo-measurement for Distribution System State

Estimation [C]. Smart Grid for Distribution，2008，6（2）：26－33.

[30] 李慧. 用于配电网负荷处理的全面抗差估计方法 [J]. 电工技术学报，2008，23（2）：138－142.

[31] 颜全椿，卫志农. 基于多预测－校正内点法的 WLAV 抗差状态估计 [J]. 电网技术，2013，37（8）：2194－2200.

[32] J K Mandal，A K Sinha. Incorporating Nonlinearity of Measurement Function in Power System Dynamic State Estimation [J]. IEE Proceeding on Generation，Transmission and Distribution，1995，142（3）：289－296.

[33] LIN Jeu-Min，HUANG Shyh-Jier. Application of Sliding Surface-enhanced Fuzzy Control for Dynamic State Estimation of Power System[J]. IEEE Transactions on Power Systems，2003，18（2）：570－577.

[34] 毛玉华. 电力系统自适应卡尔曼滤波状态估计[J]. 东北电力学院学报，1995，15（2）：20－26.

[35] A K Sinha，J K Mandal. Dynamic State Estimation using ANN based Bus Load Prediction [J]. IEEE Transactions on Power Systems，1999，14（4）：1219－1225.

[36] BERNIERI G Betta. ANN and Pseudo-measurement for Real-time Monitoring of Distribution Systems[J]. IEEE Transactions Instrument Measure，1996，4（2）：645－650.

[37] 卫志农，李阳林，郑玉平. 基于混合量测的电力系统线性动态状态估计算法 [J]. 电力系统自动化，2007，31（6）：39－43.

[38] 卫志农，谢铁明，孙国强. 基于超短期负荷预测和混合量测的线性动态状态估计[J]. 中国电机工程学报，2010，30（1）：47－51.

[39] 贾东梨，孟晓丽，宋晓辉. 基于超短期负荷预测的智能电网状态估计 [J]. 电力建设，2013，34（1）：31－35.

[40] 张立梅，唐巍. 计及分布式电源的配电网前推回代潮流计算[J]. 电工技术学报，2010，25（8）：123－130.

[41] 王韶，江卓翰，朱姜峰，等. 计及分布式电源接入的配电网状态估计 [J]. 电力系统保护与控制，2013，41（13）：82－87.

[42] 李静，罗雅迪，赵昆，等. 考虑大规模风电接入的快速抗差状态估计研究 [J]. 电力系统保护与控制，2014，42（22）：113－118.

[43] 巨云涛，林毅，王晶，等. 考虑分布式电源详细模型的配电网多相状态估计 [J]. 电

力系统保护与控制，2016，44（23）：147－152.

［44］卫志农，陈胜，孙国强，等. 含多类型分布式电源的主动配电网分布式三相状态估计［J］. 电力系统自动化，39（9），2015：68－74.

［45］Wang H，Schulz N N. A Revised Branch Current-Based Distribution System State Estimation Algorithm and Meter Placement Impact［J］. IEEE Transactions on Power Systems，2004，19（1）：207－213.

［46］Baran M E，Kelley A W. A Branch-Current-Based State Estimation Method for Distribution Systems［J］. IEEE Transactions on Power Systems，1995，10（1）：483－491.

［47］颜伟，段磊，杨焕燕，等. 基于智能电表量测的三相四线制配网抗差估计［J］. 中国电机工程学报，2015，35（1）：60－67.

［48］Garcia A，Monticelli A，Abreu P. Fast Decoupled State Estimation and Bad Data Processing［J］. IEEE Trans. on Power Apparatus and Systems，1979，98（5）：1645－1652.

［49］Holten L，Gjelsvik A，Aam S，et al. Comparison of Different Methods for State Estimation［J］. IEEE Transactions on Power Systems，1988，3（4）：1798－1806.

［50］杜正春，牛振勇，方万良. 基于 QR 分解的一种状态估计算法［J］. 中国电机工程学报，2003，23（8）：50－55.

［51］倪小平，张步涵. 一种带有等式约束的状态估计新算法［J］. 电力系统自动化，2001，25（21）：42－44.

［52］郭烨，张伯明，吴文传，等. 直角坐标下含零注入约束的电力系统状态估计修正牛顿法［J］. 中国电机工程学报，2012，32（19）：96－100.

［53］刘科研，何开元，盛万兴. 基于协同粒子群优化算法的配电网三相不平衡状态估计［J］. 电网技术，2014，38（4）：1026－1031.

［54］闫丽梅，张士元，任伟建，等. 基于粒子群进化算法的电力系统状态估计研究［J］. 电力系统保护与控制，2010，38（22）：86－90.

［55］卢志刚，程慧琳，张静，等. 基于改进离散 BCC 算法的电网开关信息错误辨识［J］. 电力系统自动化，2012，36（12）：55－60.

［56］柳一兵，赵晓华. 智能电网发展的机制及其对电网自动化技术的影响［J］. 能源技术经济，2010，22（11）：25－30.

［57］刘俊勇，沈晓东. 智能电网下可视化技术的展望［J］. 电力自动化设备，2010，30（1）：7－13.

［58］龚正虎，卓莹．网络态势感知研究［J］．软件学报，2010，21（7）：1605－1619．

［59］卓莹，龚春叶，龚正虎．网络传输态势感知的研究与实现［J］．通信学报，2010（9）：54－63．

［60］王慧强，赖积保，朱亮，等．网络态势感知系统研究综述［J］．计算机科学，2006，33（10）：5－10．

［61］王娟，张凤荔，傅翀，等．网络态势感知中的指标体系研究［J］．计算机应用，2007，27（8）：1907－1909．

［62］柏骏，夏靖波，钟赟，等．网络运行态势感知技术及其模型［J］．解放军理工大学学报：自然科学版，2015，16（1）：16－22．

［63］陈秀真，郑庆华，管晓宏，等．网络化系统安全态势评估的研究［J］．西安交通大学学报，2004，38（4）：404－408．

［64］张慧敏，钱亦萍，郑庆华，等．集成化网络安全监控平台的研究与实现［J］．通信学报，2003，24（7）：155－163．

［65］蒋诚智，余勇，林为民．基于智能 Agent 的电力信息网络安全态势感知模型研究［J］．计算机科学，2013，39（12）：98－101．

［66］杨鹏，马志程，靳丹，等．面向智能电网的网络态势评估模型及感知预测［J］．兰州理工大学学报，2015，41（4）：99－103．

［67］Gou B，Abur A．A Direct Numerical Method for Observability Analysis［J］．IEEE Trans on Power Systems，2000，15（2）：625－630．

［68］Gou B，Abur A．An Improved Measurement Placement Algorithm for Network Observability［J］．IEEE Trans on Power Systems，2001，16（4）：819－824．

［69］Abur A，Magnago F H．Optimal Meter Placement for Maintaining Observability During Single Branch Outages［J］．IEEE Transactions on Power Systems，1999，14（4）：1273－1278．

［70］Magnago F H，Abur A．A Unified Approach to Robust Meter Placement Against Loss of Measurements and Branch Outages［J］．IEEE Trans on Power Systems，2000，15（3）：945－949．

［71］卢志刚，赵号，刘雪迎，等．基于可靠度与可观度的量测优化配置研究［J］．电工技术学报，2014，29（12）：180－187．

［72］Yehia，M．，Jabr，R．，El-Bitar，R．，et al．A PC based State Estimator Interfaced with

A Remote Terminal Unit Placement Algorithm [J]. IEEE Transactions on Power Systems, 2001, 16 (2): 210–215.

[73] Castillo E, Conejo A. J, Pruneda R. E, Solares C, Menéndez J. M. M-k Robust Observability in State Estimation [J]. IEEE Transactions on Power Systems, 2008, 23: 296–305.

[74] Park Y M, Moon Y H, Choo J B, et al. Design of Reliable Measurement System for State Estimation [J]. IEEE Transactions on Power systems, 1988, 3 (3): 830–836.

[75] Baran M E, Zhu J, Zhu H, et al. A Meter Placement Method for State Estimation[J]. IEEE Transactions on Power Systems, 1995, 10 (3): 1704–1710.

[76] Coser J, Costa A S, Rolim J G. Metering Scheme Optimization with Emphasis on Ensuring Bad-data Processing Capability [J]. IEEE Transactions on Power Systems, 2006, 21 (4): 1903–1911.

[77] 徐臣，余贻鑫. 提高配电网状态估计精度的量测配置优化方法 [J]. 电力自动化设备，2009（7）：17–21.

[78] Singh R, Pal B C, Vinter R B. Measurement Placement in Distribution System State Estimation [J]. IEEE Trans on Power Systems, 2009, 24 (2): 668–675.

[79] Singh R, Pal B C, Jabr R A, et al. Meter Placement for Distribution System State Estimation: An Ordinal Optimization Approach[J]. IEEE Trans on Power Systems, 2011, 26 (4): 2328–2335.

[80] Pegoraro P A, Sulis S. Robustness-oriented Meter Placement for Distribution System State Estimation in Presence of Network Parameter Uncertainty [J]. IEEE Transactions on Instrumentation and Measurement, 2013, 62 (5): 954–962.

[81] 王红，张文，刘玉田. 考虑分布式电源出力不确定性的主动配电网量测配置 [J]. 电力系统自动化，2016，40（12）：9–14.

[82] Liu, J., Ponci, F., Monti, A., et al. Optimal Meter Placement for Robust Measurement Systems in Active Distribution Grids [J]. IEEE Trans on Instrumentation and Measurement, 2014, 63 (5): 1096–1105.

[83] Damavandi M G, Krishnamurthy V, Marti J R. Robust Meter Placement for State Estimation in Active Distribution Systems [J]. IEEE Trans. Smart Grid, 2015, 6 (4): 1972–1982.

[84] Xiang Y, Ribeiro P F, Cobben J F G. Optimization of State-Estimator-Based Operation Framework Including Measurement Placement for Medium Voltage Distribution Grid [J]. 2014.

[85] Chen X, Lin J, Wan C, et al. Optimal Meter Placement for Distribution Network State Estimation: A Circuit Representation based MILP Approach [J]. IEEE Transactions on Power Systems, 2016, 31 (6): 4357–4370.

[86] Liu Y, Zhan L, Zhang Y, et al. Wide-area-measurement System Development at The Distribution Level: An FNET/GridEye Example [J]. IEEE Transactions on Power Delivery, 2016, 31 (2): 721–731.

[87] Liu J, Tang J, Ponci F, et al. Trade-offs in PMU Deployment for State Estimation in Active Distribution Grids [J]. IEEE Transactions on Smart Grid, 2012, 3 (2): 915–924.

[88] Schweppe F. Recursive State Estimation: Unknown but Bounded Errors and System Inputs [J]. IEEE Transactions on Automatic Control, 1968, 13 (1): 22–28.

[89] Kurzhanskiĭ A B, Vályi I. Ellipsoidal Calculus for Estimation and Control [M]. Nelson Thornes, 1997.

[90] Milanese M, Vicino A. Estimation Theory for Nonlinear Models and Set Membership Uncertainty [J]. Automatica, 1991, 27 (2): 403–408.

[91] Spathopoulos M P, Grobov I D. A State-set Estimation Algorithm for Linear Systems in The Presence of Bounded Disturbances [J]. International Journal of Control, 1996, 63 (4): 799–811.

[92] Chisci L, Garulli A, Zappa G. Recursive State Bounding by Parallelotopes [J]. Automatica, 1996, 32 (7): 1049–1055.

[93] Alamo T, Bravo J M, Camacho E F. Guaranteed State Estimation by Zonotopes [J]. Automatica, 2005, 41 (6): 1035–1043.

[94] Jaulin L. Applied Interval Analysis: With Examples in Parameter and State Estimation, Robust Control and Robotics [M]. Springer Science & Business Media, 2001.

[95] Jaulin L, Walter E. Set Inversion via Interval Analysis for Nonlinear Bounded-error Estimation [J]. Automatica, 1993, 29 (4): 1053–1064.

[96] Chen J, Patton R J. Robust Model-based Fault Diagnosis for Dynamic Systems [M]. Springer Science & Business Media, 2012.

[97] Bemporad A，Garulli A. Output-feedback Predictive Control of Constrained Linear Systems via Set-membership State Estimation [J]. International Journal of Control，2000，73（8）：655－665.

[98] Di Marco M，Garulli A，Giannitrapani A，et al. Simultaneous Localization and Map Building for A Team of Cooperating Robots：A Set Membership Approach [J]. IEEE Transactions on Robotics and Automation，2003，19（2）：238－249.

[99] Sanyal A K，Lee T，Leok M，et al. Global Optimal Attitude Estimation Using Uncertainty Ellipsoids [J]. Systems & Control Letters，2008，57（3）：236－245.

[100] Raïssi T，Ramdani N，Candau Y. Bounded Error Moving Horizon State Estimator for Nonlinear Continuous-time Systems：Application to A Bioprocess System [J]. Journal of Process control，2005，15（5）：537－545.

[101] Al-Othman A K，Irving M R. Uncertainty Modelling in Power System State Estimation [J]. IEE Proceedings-Generation，Transmission and Distribution，2005，152（2）：233－239.

[102] Al-Othman A K，Irving M R. A Comparative Study of Two Methods for Uncertainty Analysis in Power System State Estimation [J]. IEEE Transactions on Power Systems，2005，20（2）：1181－1182.

[103] Al-Othman A K，Irving M R. Analysis of Confidence Bounds in Power System State Estimation with Uncertainty in Both Measurements and Parameters [J]. Electric power systems research，2006，76（12）：1011－1018.

[104] Al-Othman A K. A Fuzzy State Estimator Based on Uncertain Measurements [J]. Measurement，2009，42（4）：628－637.

[105] Ding T，Bo R，Li F，et al. Interval Power Flow Analysis Using Linear Relaxation and Optimality-based Bounds Tightening（OBBT）Methods [J]. IEEE Transactions on Power Systems，2015，30（1）：177－188.

[106] Al-Khayyal F A，Falk J E. Jointly Constrained Biconvex Programming [J]. Mathematics of Operations Research，1983，8（2）：273－286.

[107] Al-Khayyal F A. Jointly Constrained Bilinear Programs and Related Problems：An Overview [J]. Computers & Mathematics with Applications，1990，19（11）：53－62.

[108] Qi J，He G，Mei S，et al. Power System Set Membership State Estimation [C]. 2012

IEEE Power and Energy Society General Meeting，2012：1－7.

[109] Wang B，He G，Liu K，et al. Guaranteed State Estimation of Power System via Interval Constraints Propagation [J]. IET Generation，Transmission & Distribution，2013，7 (2)：138－144.

[110] Wang B，He G，Liu K. A New Scheme for Guaranteed State Estimation of Power System [J]. IEEE Transactions on Power Systems，2013，28 (4)：4875－4876.

[111] Rakpenthai C，Uatrongjit S，Premrudeepreechacharn S. State Estimation of Power System Considering Network Parameter Uncertainty Based on Parametric Interval Linear Systems [J]. IEEE Transactions on Power Systems，2012，27 (1)：305－313.

[112] Rakpenthai C，Uatrongjit S，Watson N R，et al. On Harmonic State Estimation of Power System with Uncertain Network Parameters [J]. IEEE Trans on Power Systems，2013，28 (4)：4829－4838.

[113] Stol J，De Figueiredo L H. Self-validated Numerical Methods and Applications [C]. 21st Brazilian Mathematics Colloquium，IMPA，Rio de Janeiro. 1997.

[114] De Figueiredo L H，Stolfi J. Affine Arithmetic：Concepts and Applications [J]. Numerical Algorithms，2004，37：147－158.

[115] Vaccaro A，Canizares C A，Villacci D. An Affine Arithmetic-based Methodology for Reliable Power Flow Analysis in The Presence of Data Uncertainty [J]. IEEE Transactions on Power Systems，2010，25 (2)：624－632.

[116] Muñoz J，Cañizares C，Bhattacharya K，et al. An Affine Arithmetic-based Method for Voltage Stability Assessment of Power Systems with Intermittent Generation Sources [J]. IEEE Transactions on Power Systems，2013，28 (4)：4475－4487.

[117] Pirnia M，Cañizares C A，Bhattacharya K，et al. A Novel Affine Arithmetic Method to Aolve Optimal Power Flow Problems with Uncertainties [J]. IEEE Transactions on Power Systems，2014，29 (6)：2775－2783.

[118] Wang S，Han L，Wu L. Uncertainty Tracing of Distributed Generations via Complex Affine Arithmetic based Unbalanced Three-phase Power Flow [J]. IEEE Transactions on Power Systems，2015，30 (6)：3053－3062.

[119] Zhang H，Zhang B，Sun H，Wu W. Observability Analysis in Power System State Estimation Based on the Solvable Condition of Power Flow [C]. IEEE International

Conference on Power Systems Technology（POWERCON），Kunming，October，2002，1：234－240.

［120］ Zhang H，Zhang B，Sun H，Wu W. Observability Analysis of Power System State Estimation Based on the Solvability Condition of Power Flow［C］. Proceedings of the CSEE 2003，23：54－58.

［121］ Zhang H，Zhang B，Sun H，Wu W. Theory Analysis About Measurement Islands' Combination in Observability Analysis in Power System State Estimation［C］. Proceedings of the CSEE 2003，23：46－49.

［122］ Korres G. N. Observability Analysis Based on Echelon Form of a Reduced Dimensional Jacobian Matrix［J］. IEEE Transactions on Power Systems，2011，26：2572－2573.

［123］ Ghassemi F，Krishnamurthy V. Separable Approximation for Solving the Sensor Subset Selection Problem［J］. IEEE Transactions on Aerospace and Electronic Systems，2011，47（1）：557－568.

［124］ Xie，K.，Zhou，J.，Billinton，R. Reliability Evaluation Algorithm for Complex Medium Voltage Electrical Distribution Networks Based on the Shortest Path［C］. IEE Proc. -Gene. Transm. Distrib.，2003，150（6）：686－690.

［125］ Li，W.，Wang，P.，Li，Z.，Liu，Y. Reliability Evaluation of Complex Radial Distribution Systems Considering Restoration Sequence and Network Constraints［J］. IEEE Transactions on Power Delivery，2004，19（2）：753－758.

［126］ Brito，S. S.，Santos，H. G.，Santos，B. H. M. A Local Search Approach for Binary Programming：Feasibility Search［M］. Hybrid Metaheuristics，Springer International Publishing，2014，pp. 45－55.

［127］ Wan J，Miu K N. Weighted Least Squares Methods for Load Estimation in Distribution Networks［J］. IEEE Transactions on Power Systems，2003，18（4）：1338－1345.

［128］ Liao Liu，C. C.，Stefanov，A.，Hong，J.，et al. Intruders in the Grid［J］. IEEE Power Energy Management，2012，10（1）：58－66.

［129］ Baran M E，Freeman L A A，Hanson F，et al. Load Estimation for Load Monitoring at Distribution Substations［J］. IEEE Transactions on power systems，2005，20（1）：164－170.

［130］ Singh R，Pal B C，Jabr R A. Choice of Estimator for Distribution System State Estimation

[J]. IET Generation, Transmission &Distribution, 2009, 3 (7): 666-678.

[131] Baran M E, Kelley A W. State Estimation for Real-time Monitoring of Distribution Systems [J]. IEEE Transactions on Power Systems, 1994, 9 (3): 1601-1609.

[132] Wu J, He Y, Jenkins N. A Robust State Estimator for Medium Voltage Distribution Networks [J]. IEEE Transactions on Power Systems, 2013, 28 (2): 1008-1016.

[133] Hayes B P, Gruber J K, Prodanovic M. A Closed-loop State Estimation Tool for MV Network Monitoring and Operation [J]. IEEE Transactions on Smart Grid, 2015, 6 (4): 2116-2125.

[134] 何青，王耀南，姜燕，等. 基于 OBE 算法的自适应集员状态估计 [J]. 自动化学报，2003，29 (2)：312-317.

[135] Scholte E, Campbell M E. A Nonlinear Set-membership Filter for On-line Applications [J]. International Journal of Robust and Nonlinear Control, 2003, 13 (15): 1337-1358.

[136] Alamo T, Bravo J M, Redondo M J, et al. A Set-membership State Estimation Algorithm Based on DC Programming [J]. Automatica, 2008, 44 (1): 216-224.

[137] Fuwen Yanga, Yongmin Li. Set-membership Filtering for Systems with Sensor Saturation [J]. Automatica, 2009, 45 (8): 1896-1902.

[138] 周波，钱堃，马旭东，等. 一种新的基于保证定界椭球算法的非线性集员滤波器[J]. 自动化学报，2013，39 (2)：150-158.

[139] 何青，郑维荣，范金文. 基于最优定界椭球的扩展集员滤波算法研究 [J]. 自动化技术与应用，2015 (5)：12-15+23.

[140] Xiangyun Qing, Fuwen Yang, Xingyu Wang. Extended Set-membership Filter for Power System Dynamic State Estimation [J]. Electric Power Systems Research, 2013, 99: 56-63.

[141] Xiaohua Ge, Qinglong Han, Fuwen Yang. Event-Based Set-Membership Leader-Following Consensus of Networked Multi-Agent Systems Subject to Limited Communication Resources and Unknown-But-Bounded Noise [J]. IEEE Transactions on Industrial Electronics, 2017, 64 (6): 5045-5054.

[142] 邓萍. 集员滤波在电力信号状态估计中的仿真研究 [D]. 重庆：重庆大学，2017.

[143] Xiaohua Ge, Qinglong Han, Zidong Wang. A Dynamic Event-Triggered Transmission Scheme for Distributed Set-Membership Estimation Over Wireless Sensor Networks

[J]. IEEE Transactions on Cybernetics，2019，49（1）：171－1.

［144］ Fanqin Meng，Haiqi Liu，Xiaojing Shen，et al. Optimal Prediction and Update for Box Set-Membership Filter［J］. IEEE Access，2019，7：41636－41646.

［145］ Yilian Zhang，Fuwen Yang，Qing-Long Han，et al. A novel Set-membership Control Strategy for Discrete-time Linear Time-varying Systems［J］. IET Control Theory and Applications，2019，13（18）：3087－3095.

［146］ Jaulin L. Applied interval analysis：with examples in parameter and state estimation，robust control and robotics［M］. Springer Science & Business Media，2001.

［147］ Stol J，De Figueiredo L H. Self-validated numerical methods and applications［C］. Monograph for 21st Brazilian Mathematics Colloquium，IMPA，Rio de Janeiro. 1997.

［148］ De Figueiredo L H，Stolfi J. Affine arithmetic：concepts and applications［J］. Numerical Algorithms，2004，37（1－4）：147－158.

［149］ Al-Khayyal F A，Falk J E. Jointly constrained biconvex programming［J］. Mathematics of Operations Research，1983，8（2）：273－286.

［150］ Al-Khayyal F A. Jointly constrained bilinear programs and related problems: An overview［J］. Computers & Mathematics with Applications，1990，19（11）：53－62.

［151］ Qualizza A，Belotti P，Margot F. Linear programming relaxations of quadratically constrained quadratic programs［M］. Mixed Integer Nonlinear Programming. Springer New York，2012：407－426.

［152］ Sherali H D，Adams W P. A reformulation-linearization technique for solving discrete and continuous nonconvex problems［M］. Springer Science & Business Media，2013.

［153］ Kersting W H. Radial Distribution Test Feeder［J］. IEEE Trans on Power Systems，2001，6（3）：975－985.

［154］ Calafiore G. Reliable localization using set-valued nonlinear filters［J］. IEEE Transactions on Systems，Man，and Cybernetics-Part A：Systems and Humans，2005，35（2）：189－197.

［155］ Chen W.，Shi D.，Wang J.，Shi L. Event-triggered state estimation：experimental performance assessment and comparative study［J］. IEEE Transactions on Control Systems Technology，2017，25（5）：1865－1872.

［156］ De J.，Ree L.，Centeno V.，Thorp J. S.，Phadke A. G.，Synchronized phasor measurement applications in power systems［J］. IEEE Transactions on Smart Grid，2010，

1（1）：20－27.

［157］ Ding D.，Wang Z.，Shen B.，Event-triggered consensus control for discrete time stochastic multi-agent systems：the input-to-state stability in probability［J］. Automatica，2015，62：284－291.

［158］ Ding D.，Wang Z.，Shen B.，Dong H.，Event-triggered distributed H∞ state estimation with packet dropouts through sensor networks［J］. IET Control Theory and Applications，2015，9（13）：1948－1955.

［159］ Do Coutto Filho M. B.，de Souza J. C. S.，Forecasting-aided state estimation-Part I：Panorama［J］. IEEE Transactions on Power System，2009，24（4）：1667－1677.

［160］ Dong H.，Wang Z.，Alsaadi F. E.，Ahmad B.，Event-triggered robust distributed state estimation for sensor networks with state-dependent noises［J］. International Journal of General Systems，2015，44（2）：254－266.

［161］ Filho M. D. C.，Souza J. C. S. D.，Forecasting-aided state estimation-Part i：Panorama［J］. IEEE Transaction on Power Systems，2009，24（4）：1667－1677.

［162］ Ghosal M.，Rao V.，Fusion of PMU and SCADA data for dynamic state estimation of power system［C］. In Proceedings of the North American Power Symposium，2015，1－6.

［163］ Gol M.，Abur A.，LAV based robust state estimation for systems measured by PMUs［J］. IEEE Transactions on Smart Grid，2014，5（4）：1808－1814.

［164］ Guo Z.，Li S.，Wang X.，Heng W.，Distributed point-based Gaussian approximation filtering for forecasting-aided state estimation in power systems［J］. IEEE Transactions on Power Systems，2016，31（4）：2597－2608.

［165］ Gupta V.，Chung T. H.，Hassibi B.，Murray R. M.，On a stochastic sensor selection algorithm with applications in sensor scheduling and sensor coverage［J］. Automatica，2006，42（2）：251－260.

［166］ Han D.，Mo Y.，Wu J.，Weerakkody S.，Sinopoli B.，Shi L.，Stochastic event-triggered sensor schedule for remote state estimation［J］. IEEE Transactions on Automatic Control，2015，60（10）：2661－2675.

［167］ Hu L.，Wang Z.，Liu X.，Dynamic state estimation of power systems with quantization effects：a recursive filter approach［J］. IEEE Transactions on Neural Networks and Learning Systems，2016，27（8）：1604－1614.

[168] Hu L., Wang Z., Liu X., Vasilakos A. V., Alsaadi F. E., Recent advances on state estimation for power grids with unconventional measurements [J]. IET Control Theory and Applications, 2017, 11 (18): 3221 – 3232.

[169] Hu L., Wang Z., Rahman I., Liu X., A constrained optimization approach to dynamic state estimation for power systems including PMU and missing measurements [J]. IEEE Transactions on Control System Technology, 2016, 24 (2): 703 – 710.

[170] Kersting W. H., Radial distribution test feeders [J]. IEEE Transactions on Power Systems, 1991, 6 (3): 975 – 985.

[171] Kettner A. M., Paolone M., Sequential discrete Kalman filter for real-time state estimation in power distribution systems: theory and implementation [J]. IEEE Transactions on Instrumentation and Measurement, 2017, 66 (9): 2358 – 2370.

[172] Kai X., Wei C., Liu L., Robust extended Kalman filtering for nonlinear systems with stochastic uncertainties [J]. IEEE Transactions on Systems, Man, and Cybernetics-Part A: System and Humans, 2010, 40 (2): 399 – 405.

[173] Li S., Li Z., Li J., et al, Event-based cubature kalman filter for smart grid subject to communication constraint [C]. In Proceedings of the 20th World Congress of the International Federation of Automatic Control, 2017, 50 (1): 49 – 54.

[174] Liu J., Tang J., Ponci F., Muscas C., Pegoraro P. A., Trade-offs in PMU deployment for state estimation in active distribution grids [J]. IEEE Transactions on Smart Grid, 2012, 3 (2): 915 – 924.

[175] Pau M., Pegoraro P. A., Sulis S., Efficient branch-current-based distribution system state estimation including synchronized measurements [J]. IEEE Transactions on Instrumentation and Measurement, 2013, 62 (9): 2419 – 2429.

[176] Peng C., Yang T., Event-triggered communication and H∞ control co-design for networked control systems [J]. Automatica, 2013, 49: 1326 – 1332.

[177] Sinopoli B., Schenato L., Franceschetti M., et al, Kalman filtering with intermittent observations [J]. IEEE Transactions on Automatic Control, 2004, 49 (9): 1453 – 1464.

[178] Thorp J., Abur A., Begovic M., Giri J., Avila-Rosales R., Gaining a wider perspective [J]. IEEE Power and Energy Magazine, 2008, 6 (5): 43 – 51.

[179] Wang L., Wang Z., Han Q., Wei G., Event-based variance-constrained H∞ filtering for

stochastic parameter systems over sensor networks with successive missing measurements, IEEE Transactions on Cybernetics, 2018, 48 (3): 1007 – 1017.

[180] Wu J., Jia Q. S., Johansson K. H., Shi L., Event-based sensor data scheduling: trade-off between communication rate and estimation quality [J]. IEEE Transactions on Automatic Control, 2013, 58 (4): 1041 – 1046.

[181] Xue H., Jia Q., Wang N., et al, A dynamic state estimation method with PMU and SCADA measurement for power systems [C]. In Proceedings of the International Power Engineering Conference, 2008, 33 (16): 848 – 853.

[182] Zou L., Wang Z., Gao H., Liu X., Event-triggered state estimation for complex networks with mixed time delays via sampled data information: The continuous-time case [J]. IEEE Transactions on Cybernetics, 2015, 45 (12).

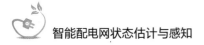

索　引